重庆文理学院学术专著出版资助

山地城镇钢筋混凝土框架结构震害预测

王明振　高霖　著

本书数字资源

北　京
冶金工业出版社
2024

内 容 提 要

本书围绕山地城镇建筑结构地震灾害预测与评估工作，以山地建筑地震安全问题为研究对象，将地形因素、结构因素、时间因素等引入山地建筑面对潜在地震灾害的损伤评估预测中，着力找出合理的山地建筑震害预测评估方法，并对山地城市建筑结构开展震害预测，进行应用示范。

本书可供相关工程领域的科技工作者、专业工程技术人员及土木工程、结构工程、防灾减灾工程及防护工程相关专业的高等院校师生参考。

图书在版编目（CIP）数据

山地城镇钢筋混凝土框架结构震害预测 / 王明振，高霖著. -- 北京：冶金工业出版社，2024. 8. -- ISBN 978-7-5024-9946-4

Ⅰ. TU375.4

中国国家版本馆 CIP 数据核字第 2024M0Y828 号

山地城镇钢筋混凝土框架结构震害预测

出版发行	冶金工业出版社	**电　　话**	(010)64027926
地　　址	北京市东城区嵩祝院北巷 39 号	**邮　　编**	100009
网　　址	www.mip1953.com	**电子信箱**	service@mip1953.com

责任编辑　于昕蕾　美术编辑　彭子赫　版式设计　郑小利

责任校对　李欣雨　责任印制　窦　唯

北京印刷集团有限责任公司印刷

2024 年 8 月第 1 版，2024 年 8 月第 1 次印刷

710mm×1000mm　1/16；7.5 印张；145 千字；111 页

定价 58.00 元

投稿电话　(010)64027932　投稿信箱　tougao@cnmip.com.cn

营销中心电话　(010)64044283

冶金工业出版社天猫旗舰店　yjgycbs.tmall.com

（本书如有印装质量问题，本社营销中心负责退换）

前　言

我国约69%的国土面积为山区、丘陵或高原等山地地形，近50%的城镇位于山地，且部分山地城镇位于地震灾害危险区。随着城镇化不断发展，钢筋混凝土框架结构总数量在山地城镇建筑结构总量中所占比例越来越大，山地城镇建筑的基建成本比平原地区建筑高出15%~30%。受地形地貌、气候以及区域文化等因素影响，山地城镇钢筋混凝土框架结构在地基基础设置、结构平立面布置、震后灾害处置等方面，具有与平原城镇建筑结构明显的不同。同时，山地城镇钢筋混凝土框架结构因场地条件特殊或结构平、立面的不规则性，其抗震能力具有较大的不确定性，且山地城镇钢筋混凝土框架结构一旦发生地震破坏，其震后直接经济损失比平原地区结构地震直接经济损失要高。我国大部分建筑结构地震安全评估方法和公式在构建过程中并没有考虑山地城镇建筑结构特征的特殊性，从而导致目前的建筑结构地震安全评估公式并不完全适用于山地城镇钢筋混凝土框架结构。目前，在进行山地城镇钢筋混凝土框架结构地震安全快速评估工作时，通常是直接套用平原地区建筑结构地震安全评估方法，如此势必会导致评估结果失真。如何科学有效地建立山地城镇钢筋混凝土框架结构地震灾害预测方法，是山地城镇防震减灾的重点任务之一。

本书根据上述现状和问题，首先基于长江三峡工程库区地震活动性规律研究内容，对长江三峡工程库区这一典型的山地区域地震活动性规律进行了初步探究。然后基于国内外山地城镇建筑物在强烈地震作用下的震害调查资料，将山地结构震害与普通结构震害进行对比分析，总结山地城镇典型钢筋混凝土框架结构的典型破坏形式，确定影响山地城镇典型钢筋混凝土框架结构抗震能力的主要因素。接着采用结构动力学理论构建了基于自振周期的建筑结构地震损伤评估方法，结合振型分解反应谱法计算结果提出了修正底部剪力法计算公式。综合考虑以山地地形和结构刚度分布不规则性为特征的“空间分布”效应和以结构建造年代和建筑年龄为代表的“时间分布”效应，建立具有“时-空”特征的山地建筑地震安全评估模型。最后选取重庆市永川区这一山地地区，应用考虑地形影响的震害预测方法对各类建筑结构开展震害预测。

本书主要是笔者博士后科研工作的研究成果，感谢设站单位——哈尔滨工程大学的培养和关怀！感谢合作导师杨在林教授和孙柏涛教授的指导！感谢高霖博士逐字逐句地核对与校验！

感谢教育部人文社会科学研究一般项目（19XJCZH005）对本书在研究内容方面的引领！

感谢重庆市教委科学技术研究项目（KJQN202401324）、重庆文理学院学术专著出版资助、重庆市博士后研究项目特别资助（2022CQBSHTB3095）、重庆市自然科学基金项目（cstc2020jcyj-msxmX0905）、重庆文理学院塔尖计划-自然科学重大培育项目（P2021TM08）的支持！同时，向悉心支持笔者工作的重庆文理学院领导、专家和同事致以诚挚的谢意！

由于笔者水平有限，编写时间仓促，书中难免存在不足之处，恳请同行专家和读者指正。

王明振

2024 年 5 月

目　　录

1 绪　论

1.1 研究背景

我国是大陆地震活动最多的国家之一。资料表明，我国每个省（自治区、直辖市）均发生过5级以上破坏性地震。其中，30个省发生过6级以上地震，20个省发生过7级以上地震。历史震害资料统计表明，在我国陆地面积为全球陆地面积1/14的现状下，我国陆地地震却占全球陆地破坏性地震的1/3。我国大陆地震分布明显呈现西部强、东部弱的特点，强震主要发生在青藏高原及周缘、南北地震带上，东部地区地震主要发生在华北和东南沿海地震带，地震活动水平较高的省份主要是西藏、新疆、云南、四川、甘肃、台湾等。

我国是一个多山的国家。根据国家统计局统计数据，山地约占全国陆地总面积的33.3%，丘陵约占9.9%，高原约占26.0%。而山地城镇，是指建设用地中山地、丘陵和崎岖不平的高原等地形地貌占比较高的城镇。通常，按照场地坡度不同可把山地地形分为平坡地、缓坡地、中坡地、陡坡地和急坡地五类，不同山地地形分类标准如表1-1所示。

表1-1　不同山地地形分类标准

地形	平坡地	缓坡地	中坡地	陡坡地	急坡地
坡度/(°)	<5	5～10	10～25	25～45	>45

对于上述地震活动水平较高的省份，在其陆地面积中均是山地面积占比较大的区域，其中西藏、新疆、云南、四川、甘肃、台湾等区域山地面积在其陆地总面积中占比分别为76.5%、56.0%、95%、90.1%、77.8%、73.9%。而位于这些省份内的大多数地区也属于山地地形，比如拉萨市、乌鲁木齐市、伽师县、昆明市、昭通市、雅安市、攀枝花市、汶川县、北川县、兰州市、陇南市、台北市、高雄市等。

表1-2列出了近年来国内外引起大量山地城镇发生破坏性地震事件的简要情况。

表 1-2　近年来引起山地建筑大量震害的地震事件

序号	地震事件	发震时间	震级	受影响的山地城镇
1	汶川地震	2008 年 5 月 12 日	8.0	汶川映秀、北川、青川
2	海地地震	2010 年 1 月 12 日	7.3	太子港
3	玉树地震	2010 年 4 月 14 日	7.1	玉树结古镇
4	芦山地震	2013 年 4 月 20 日	7.0	芦山、宝盛、雅安
5	鲁甸地震	2014 年 8 月 3 日	6.5	鲁甸、巧家、永善、昭阳
6	康定地震	2014 年 11 月 22 日	6.4	康定
7	尼泊尔地震	2015 年 4 月 25 日	8.1	加德满都
8	九寨沟地震	2017 年 8 月 8 日	7.0	九寨沟

山地城镇部分建筑结构因场地条件的限制，致使其在结构形式或地震响应等方面与平整场地上的建筑结构之间存在一定差异。一般情况下，山地城镇典型的结构形式有高台地、吊脚、掉层、错层、附崖、连崖六种类型，如图 1-1 所示。

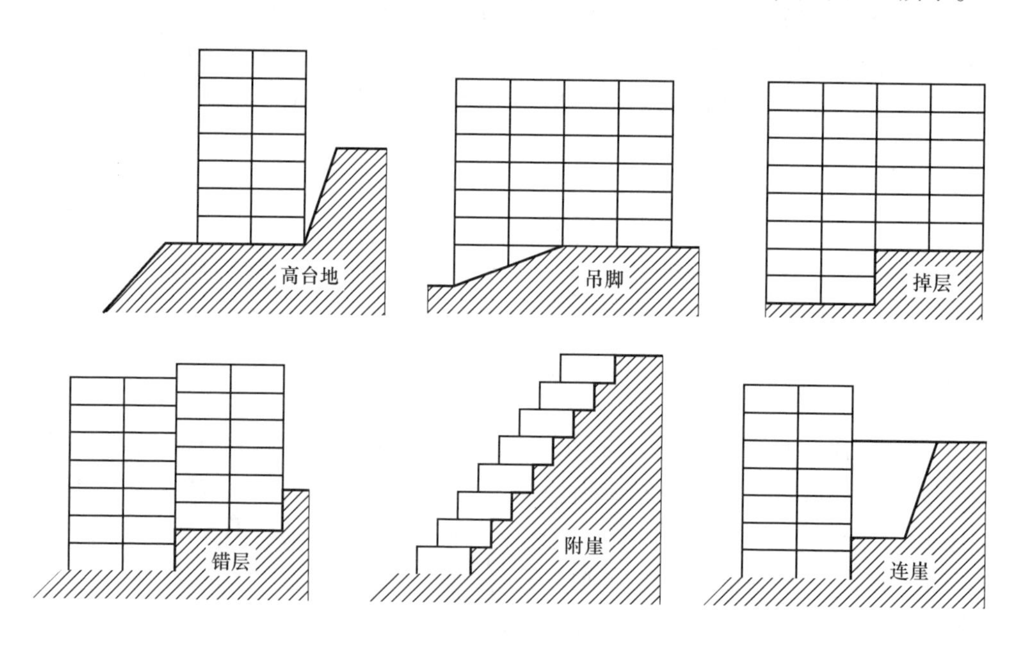

图 1-1　山地城镇典型建筑结构形式示意图

对于图 1-1 所示的山地城镇典型建筑结构形式，称之为山地建筑。由图 1-1

可知，山地建筑因场地条件特殊或结构尺寸具有不规则性，其抗震能力具有较大的不确定性。

归纳总结震害经验可知，图 1-1 所示山地建筑典型地震破坏模式如图 1-2 所示，图中红线表示结构易损部位。

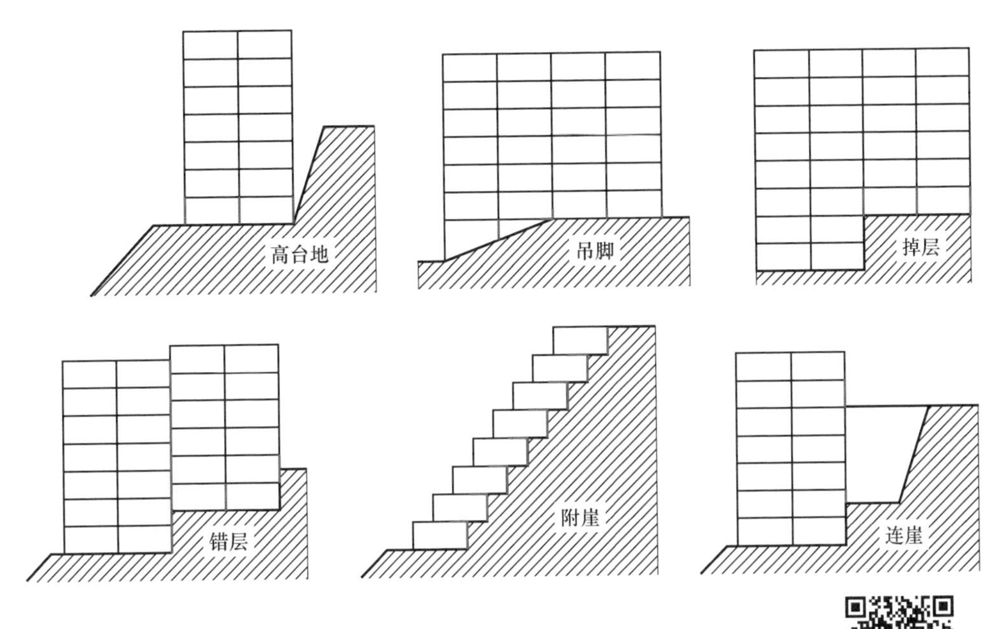

图 1-2 山地建筑典型地震破坏模式示意图

图 1-2 彩图

山地建筑在强烈地震动作用下其震害较为严重，但我国现有规范、标准对山地建筑的抗震设计、抗震措施以及震损鉴定与评估等关键问题没有进行专门、系统的阐述。并且山地建筑一旦发生地震破坏之后，其震后直接经济损失比普通建筑地震直接经济损失要高。引起山地建筑地震灾害直接经济损失较高的主要原因有：因场地条件或结构平立面不规则，导致山地建筑地震易损性较高；因工程实施的技术难度较大，导致山地建筑的基建成本要比普通建筑高出 15%～30%；山地建筑震后修复难度较大。

此外，相对于平坦地形拥有大量建筑物震害数据的现状，山地城镇中山地建筑震害数据相对较少。山地建筑震害数据偏少的原因主要是研究人员在调查山地建筑震害时尚未对山地地形、结构刚度不规则等致灾因素进行专门考虑，导致现有的震害数据不足，进而影响了山地建筑地震易损性分析、震害预测以及震害评估等研究工作。

建筑地震安全评估的核心工作是定量分析各类建筑结构的抗震能力差异性，评估建筑在潜在地震作用下的整体破坏情况，为建筑结构震前震害预测、震中应急管理、震后灾害损失评估等工作提供技术支持。而建筑地震安全快速评估是一种有别于震害现场调查评估的建筑物或构筑物震害评价方法，该方法在不使用大量人力物力的前提下快速高效地对某栋或某类建筑物进行地震安全评估。地震安全快速评估的核心是获得结构抗震能力评估参数，而抗震能力评估参数通常由两种方法获得，一种是根据已有震害资料或震例经验总结或拟合得到，另一种是由结构抗震性能分析结果得到。目前较常用的方法是根据已有震例结合一定的调查经验总结或拟合得到结构抗震能力评估参数。目前我国通用的建筑结构地震安全快速评估理论方法和计算公式是建立在唐山地震震害资料分析的基础之上，从而导致这些地震安全评估计算公式不能很好地应用于山地城镇建筑结构的地震破坏快速评估工作。

1.2 研究现状

1.2.1 山地地形建筑结构震害研究

国外多次地震事件表明，局部突出地形会对地震动参数产生放大效应。1992年，Mario Ordaz 和 Shri Krishna Singh 基于墨西哥城山地区域台站在 1985～1990 年间 8 次地震所记录的强震观测数据发现，山地地形使得局部场地的地震动参数放大近 10 倍，并且这种放大效应还会随场地土层的岩土类别以及覆盖层厚度的变化而变化。1994 年美国 Northridge 6.7 级地震造成洛杉矶地区 374 栋山地建筑发生破坏。2010 年，Buech 等通过观测并分析典型山地地形——新西兰南岛小红丘（Little Red Hill）在 2006 年 5 月 12～19 日之间 8 次地震的地震记录发现：山地侧面中间高度处地震动参数放大效应不明显；山地顶部地震动参数放大效应明显且出现最大值；地震动参数在垂直于地震波传播方向的水平分量上的放大系数（放大系数在 3～11 倍）大于平行于地震波传播方向的水平分量放大系数（放大系数为 1～5 倍）；地震动竖向分量的放大系数相对较小，为 1～2.5 倍。2010 年，Susan Hough 等通过对比 2010 年海地地震中太子港市内山坡上建筑物和平地上建筑物的震害差异发现，地形对建筑物震害有着重要影响。2011 年 6 月 13 日新西兰基督城 6.0 级地震中，位于 Port 山岭附近的 6 个台站测得局部场地的 PGA 在 $(0.21 \sim 1.54)g$ 区间内变化，地震动参数峰值存在异常。

同样，国内多次地震事件也表明，局部突出地形会对地震动参数产生放大效应。1970年1月5日云南通海发生7.8级地震，通海地震影响场调查组根据1390个自然村全部房屋的震害调查结果发现，位于孤立的小山包或山梁上的村庄震害比平地上同类地基上村庄的震害要重，并且场地土为新第三系岩层的房屋震害比场地土为基岩的房屋震害要重。1976年7月28日河北唐山发生7.8级强烈地震，此次地震导致位于迁西县景忠山山顶的一栋庙宇发生倒塌，区域烈度达到Ⅸ度，但山脚周围7个村庄所遭遇的烈度却为Ⅵ度，300 m的高差引起山顶与山脚所遭遇的烈度相差3度。1988年11月6日云南澜沧-耿马接连发生7.6级和7.2级强烈地震，孙平善、陈达生等通过分析162个调查点震害结果与对应地形的关系，发现在场地土和断层条件相似的情况下，山腰斜坡地带的震害程度基本与平缓场地的震害相近，但孤立山包、突出山梁、高山陡坡等孤突地形的震害明显重于其他地形上的震害。2008年5月12日四川汶川发生8.0级特大地震，李小军、周国良通过对19个调查点的建筑物震害资料进行研究分析发现：山脊长度、两侧坡度、相对高差、高宽比等几何因素对山脊的震害放大效应有重要影响。2013年4月20日四川芦山7.0级强烈地震发生后，震中距为9.7 km、位于陡峭山坡且高出山脚约12 m的宝兴地办台站强震观测记录EW方向PGA为1055 gal，这是中国大陆地区第一条PGA大于1g的自由场加速度记录。2013年7月22日甘肃岷县、漳县发生6.6级强烈地震，王兰民、吴志坚通过对比分析同一山体、不同位置上两个村庄相似结构（相同建造时期、相同结构类型）的震害现象发现，位于山体上部村落内的结构发生严重破坏或倒塌破坏，而位于山脚处村落内的相似结构仅出现裂缝，由此说明地形高差和局部地貌条件会引起地震动参数放大。2014年8月3日云南鲁甸发生6.6级强烈地震，冀昆、温瑞智等通过对比分析Ⅵ度区内四个台站强震记录地震动参数发现，位于山坡陡坎上的马树台站所记录PGA数值远大于其余台站。我国抗震设计规范强制性条文4.1.8规定：“当需要在条状突出的山嘴、高耸孤立的山丘、非岩石和强风化岩石的陡坡、河岸和边坡边缘等不利地段建造丙类及丙类以上建筑时，除保证其在地震作用下的稳定性外，尚应估计不利地段对设计地震动参数可能产生的放大作用，其水平地震影响系数最大值应乘以增大系数。其值应根据不利地段的具体情况确定，在1.1～1.6范围内采用。”

Boor通过对比分析三种数值分析模型在SH波作用下的幅值谱比数据可知，局部场地的地形尺度与入射波的波长、频率等因素共同对山地地形放大效应产生影响。Scott等通过对递层半空间进行分析，构建了一种考虑一致激励边界条件下的陡坡地震动放大参数计算理论，该理论主要考虑场地卓越周期、陡坡高度和地震动波长对地震动放大效应的影响。Pischiutta等基于意大利强震台网观测数据，综合考虑山体主轴方向、场地类别、坡度和场地位置因子，对数字高精度模型进行H/V谱比分析，系统研究了地震作用下局部地形放大效应。Chiou等根据PRRR-NGA强震记录数据建立了Chiou & Youngs地震动预测方程，该方程通过地震动传递路径、震中距、场地覆盖层特征等因素间接考虑了地形地貌对PGA大小的影响。Rai等针对山地地形地震动放大效应，考虑平滑曲率、平滑坡度和相对高程三个因素，引入ArcGIS技术，基于NGA-West2强震观测数据对Chiou & Youngs地震动预测方程进行修正，修正公式对震级小于等于5.5级地震所引发地震动地形放大效应的计算较为准确。

蒋涵、周红、高孟潭针对三维真实地形特征的复杂性，引入地理学的地形分析法对山脊线、坡度对PGV的放大效应进行量化分析，并给出了山脊线分布特征与PGA放大效应的关系，确定了坡度对不同主频PGV的放大倍数关系曲线。张建毅、薄景山、王振宇等根据汶川地震在自贡、北川等山地地形引发的强震观测记录，结合数值仿真分析手段，对比研究了强震观测记录、规范条文、数值仿真模拟对山地地形放大系数计算的差异性，认为规范条文对一般工程场地局部地形放大系数的确定较为可靠。邓鹏对不同边坡角度和边坡高度的单体边坡地形地震动作用下位移放大效应进行了分析研究，给出了不同条件下地震动放大效应。万子轩、梁春涛、罗永红采用谱元法对高精度三维斜坡地形进行地震动放大效应模拟分析，重点研究了斜坡的高程、形状、方向、位置以及地震动频率等因素对PGA放大效应的影响，并确定地震动持时的放大系数为1.4～1.6。

对于地震-场地-建筑相互作用对建筑结构震害的影响，国内外学者主要对天然地震下复杂山区地震动放大效应进行了重点研究，但对于地震作用下复杂山区地震动致灾机理则研究较少。

1.2.2 山地建筑抗震设计与分析国内外研究现状

由于山地建筑在全世界范围内广泛存在，且在全球地震灾害多发的背景下，山地建筑的抗震设计和震害分析等问题得到了越来越多的关注。国外学者的相关研究成果如下所述。

Humar等采用振型分解反应谱法对竖向阶梯式缩进的多层钢框架结构地震反应进行分析，提出了竖向刚度突变结构的设计方法。Varadharajan等对竖向刚度不规则RC框架结构的震害进行了分析调查，并从质量不规则、刚度不规则、承载力强度不规则三个方面分析了此类框架结构的震害特征，从设计规范条文的角度探讨了减轻震害的措施。Kumar等通过建立3D数值分析模型对附崖式、吊层式等典型山地RC框架结构地震反应进行了分析，着重对比分析了简化分析法和精细分析法对实际山地建筑破坏特征计算结果的可靠性。Halkude 等基于反应谱法对吊脚式和吊脚-附崖式 RC 框架结构的抗震能力影响因素进行了研究，重点分析结构沿山坡走向的跨数、山坡坡度、结构层数对结构自振周期和地震反应的影响，并针对特定结构提出抗震设计建议。Sarkar 等基于改进 Pushover 分析法研究了平整场地上“附崖式”RC 框架结构的抗震性能，并拟合和确定了此类结构目标位移经验计算公式。De 等对吊脚式 RC 框架结构基本周期经验公式进行了研究，所拟合公式考虑了场地坡脚和结构等效高度等影响因素。Bhosale 等对递进缩层式、竖向传力构件不连续式、底层开放式三类竖向刚度不规则建筑进行对比分析，着重研究了三类结构在一阶振型参与系数、有效模态质量等参数上的差异，对比探究了规则指数与结构抗震能力及地震易损性之间的关系。

自 2008 年汶川地震以后，我国学者开始对复杂山区典型建筑物的地震反应及抗震设计开展了大量研究。王丽萍、李英民、郑妮娜等对遭受 5·12 汶川大地震影响的都江堰市 6 栋“吊脚式”和“错层式”RC 框架结构震害进行分析研究，总结了我国山地城镇典型建筑物的震害特征，并给出山地建筑抗震设计建议。黄群贤、郭子雄、杜培龙通过控制层高变化设计出 4 种竖向刚度不规则高层 RC 框架结构，进行推覆分析和弹塑性时程分析，重点研究了竖向刚度不规则 RC 框架结构侧向荷载分布模式和目标位移计算方法，研究给出了竖向刚度不规则结构侧向荷载模式和目标位移计算方法合理选择表。杜永峰、包超等对竖向不规则 RC 框架结构的抗竖向连续倒塌等问题进行了系统研究，具体思路如下：首先，基于变换路径法，对竖向不规则 RC 框架结构非线性动力分析过程中所需的动力增大系数进行分析研究，给出了带塔楼的大底盘 RC 框架结构动力增大系数取值范围；其次，采用拆除构件法对竖向不规则 RC 框架结构的连续性倒塌问题进行研究，着重研究了不同楼层竖向传力构件失效对结构连续倒塌产生的影响，并针对性地研究了竖向不规则 RC 框架抗竖向连续倒塌的鲁棒性。周靖等使用速度脉冲型地震动记录对变化底层高度和底层柱纵向配筋率的竖向不规则 RC 框架结构的地震易损性进行计算分析，建立了不规则系数对应的基于失效概率的位移极限指标，并基于多自由度力学模型对竖向不规则结构的延性折减系数进行了深入研究。杨佑发、赵应江、王景荣采用 SAP2000 软件利用 Pushover 和模态 Pushover 方法对 20 种不同设计工况的掉层式 RC 框架结构进行静力弹塑性分析，给出了此类结构的设计建议。陈大川、湛洋、王海东等针对变化填充墙布置的竖向刚度不规则的 RC 框架结构，考虑土-结相互作用，根据等效周期原则采用模态 Pushover 方法研究了不同条件下层间刚度比对结构地震损伤的影响。何浩祥、王文涛、吴山根据“均匀变形”准则，采用差分分化算法与粒子群算法相结合的求解方法，对弯剪型框架结构层间刚度优化问题进行了研究，并提出结构等效最优截面尺寸分布函数和结构层最优刚度值分布函数。焦柯、赖鸿立、胡成恩等通过结构分析和力学理论，研究了扭转不规则、凸凹不规则、楼板不连续、侧向刚度不规则、竖向构件不连续和承载力突变 6 个不规则类型的判别条件、力学内涵以及设计建议。

虽然国内外相关学者在复杂山区竖向刚度不规则建筑抗震设计与分析研究领域取得了一定的研究成果，但现有成果主要针对建筑结构设计理论开展了研究，而对于考虑时间和空间效应的既有钢筋混凝土结构中钢筋和混凝土材料强度在使用环境和地震动循环作用下的耐久性问题，研究成果相对较少。

1.2.3　建筑地震灾害快速评估方法国内外研究现状

地震灾害快速评估的研究主要包括地震灾害易损性研究、结构损伤影响因素确定、评估基础数据获取。

1.2.3.1　地震灾害易损性研究

按照方法原理的不同，震害预测方法可分为经验法、解析法和两者结合的方法。

A　经验法

1973 年，Whitman 等通过调查和搜集 1971 年 2 月 9 日旧金山地震中约 1600 余栋 5 层或 5 层以上高度房屋的震害情况，首次基于震害经验使用系统科学的统计方法给出了建筑物破坏概率矩阵，即地震易损性矩阵。随后，基于震害统计的地震易损性矩阵在国际上多次地震科学考察中得到了广泛应用。1985 年，美国应用技术学会（ATC）基于结构工程和建筑工程领域 58 名专家对特定房屋在给定地震烈度条件下破坏概率的经验估计情况，在 ATC-13 规范中给出了 78 项不同地震工程设施等级房屋的地震易损性矩阵。1998 年，EMS-98 规范通过将 15 类结构划分为 6 个易损性种类，基于实际调查得到各个地区的不同类型房屋建筑所占比例，按五类破坏等级，以宏观地震烈度作为地震强度指标，依据专家经验确定出各类结构的地震易损性矩阵，并基于概率论理论确定地震易损性公式。1999 年，隶属于美国联邦应急管理署（FEMA）的国家建筑科学学会（NIBS）针对根据 FEMA-178 规范划分得到的 36 种建筑模型，设定结构处于高于抗震规范要求、符合抗震规范要求、低于规范要求和不考虑抗震规范要求等 4 个性能水准设计水平等级，以谱位移和谱加速度作为地震动强度指标，并以层间位移角和最终谱位移作为结构能力指标，基于专家经验确定并给出对应结构、对应抗震性能水准下的地震易损性矩阵，最终形成地震易损性方程，1999 版的 HAZUS 系统将这些研究结果应用到美国地震灾害损失评估工作中。

我国学者对经验地震易损性分析方法也进行了大量的研究。1982 年，我国学者杨玉成等对多层砌体结构进行了地震易损性分析，并对该结构的震害预测进行了系统的研究。1989 年，高小旺等先后对全砖房结构和钢筋混凝土框架结构进行了震害预测，并给出了这些结构在不同地震强度下的条件失效概率。2004 年，尹之潜基于大量实际震害的研究以及大量试验数据的分析上，首次建立了结构的破坏状态与超越倍数以及与延性率之间的对应关系，对一些常见结构的易损性、地震危险性以及地震损伤评估等方面形成了较为完整的理论体系。

上述经验易损性分析方法的不足之处主要体现在地震动输入和结构损伤指标两个变量均建立在震害现场调查的基础上，致使分析结果具有很大的离散性，同时统计数据有限也影响了方法的有效性。

B 解析法

近年来，采用数值模拟方法得到解析的地震易损性曲线成为国内外的热点研究领域。

Faccioli 等基于反应谱理论对考虑力学简化的结构模型进行数值分析，并以结构最大位移和割线刚度两个指标来考察各类结构类型的结构构件及非结构构件在四种破坏状态下的破坏概率，最终建立各类结构在不同烈度水准下不同破坏等级所对应的概率密度函数。Ordaz 运用蒙特卡罗模拟法建立了三类钢筋混凝土框架结构的地震易损性曲线和破坏概率矩阵。Raghunandan 等采用 OpenSees 对钢筋混凝土框架结构在主余震地震序列作用下的地震易损性特征进行了研究。Karapetrou 等考虑土-结相互作用和场地效应等因素对低于抗震设防标准的钢筋混凝土框架结构地震易损性问题进行了研究。尽管采用解析法可以避免过度依赖专家的主观经验，使经过数值分析得到的地震易损性公式具有相对较高的可靠性，但由于当前技术水平所建立的数值仿真模型并不能精确地模拟土-结相互作用、地震动震源及传播特征、地形地貌特征、结构填充墙力学特性等实际问题，从而限制了解析法在震害预测领域内的应用发展。

1.2.3.2 震害快速评估

Kanamori、Hauksson 与 Heaton 提出了“三个时间尺度”，即“以十年为尺度的建筑规范升级、以年为尺度的应急准备、以月或天为尺度的地震预测”为理念的有效防震减灾途径，并建立了实时震害减轻理论体系。Sucuoglu 与 Yazgan 提出了两阶段震害评估方法，该方法通过对建筑结构层数、软弱层、重悬挑、结构施工质量、短柱、碰撞、坡地效应等因素进行第一阶段评估，并考虑平面不规则性、冗余度、强度系数 3 个指标进行第二阶段分析，最终形成一种简易的建筑结构地震易损性分析方法。Villacis 等针对发展中国家震害数据短缺、相关资源较少的现状，论证了快速地震风险管理场景技术的可行性，并架构出 RADIUS 评估系统。Tanja 和 Marijana 通过对比分析快速震害评估方法与详细震害评估方法之间的差异，建立了灾害数据、建筑年龄数据和人口数据等影响因素的快速评估方法。Kaplan 等针对规范现有建筑地震安全评估方法存在费用高、耗时长的缺点，研究并提出了面向既有中层钢筋混凝土结构的地震安全快速评估方法，该方法分结构安全因子鉴定、相关建筑性能水平确定两大环节，评估过程重点考虑了楼板类型、楼板面积、柱尺寸、混凝土抗压强度、不规则性、结构缺陷、楼层数、场地类别以及地震分区等因素。Ademovic 等在快速震害评估方法（RAPID）基础上进行修正，建立了以考虑建筑年龄、建筑材料和建筑层数为主要指标的建筑地震易损性评估模型，结合人口普查数据、灾害风险图，形成改进的快速震害评估方法 iRAPID。Palanci 基于模糊评价方法对单层工业厂房的震害风险评估问题开展了研究。Zheng 等基于汶川大地震中 6369 栋建筑结构震害数据，采用修正易损性指数法构建了中型城市地震风险快速评估模型，所建立评估模型主要考虑了楼层数、断层角、建筑年龄、断层距等因素。

1.3 研究目的及意义

从国内外研究现状可以看出，针对山地城镇建筑地震安全快速评估研究工作，还有以下几方面需要进一步研究和完善。

（1）虽然我国规范中已经规定山地地形设计反应谱应根据具体情况乘以一个增大系数，但在建筑结构地震安全评估方法建立过程中，关于如何考虑局部突出地形这一“空间因素”对山地建筑震害影响的研究成果较少。

（2）由于建造年代、结构服役时长、抗震规范变迁等“时间”维度因素对山地城市典型建筑物震害特征影响较大，但现有研究成果多集中在山地建筑典型建筑物构件或结构整体抗震设计、隔震设计等结构设计问题以及地震动输入、地震抗倒塌能力分析、增量动力分析、静力弹塑性分析和地震易损性分析等结构地震反应分析问题，而关于考虑“时间”维度对山地城镇典型建筑地震易损性分析研究的成果较少。

(3) 目前尚缺乏科学有效的、针对山地建筑的地震安全快速评估方法。由于我国大部分建筑结构地震安全评估方法和公式在构建过程中并没有考虑山地建筑结构特征的特殊性，从而导致目前的建筑结构地震安全评估公式并不完全适用于山地城镇建筑结构。但当前进行山地城镇建筑结构地震安全快速评估工作时，通常是直接套用普通建筑结构地震安全评估方法进行山地建筑地震安全性评估，如此势必会导致评估结果失真。

(4) 随着我国应急管理能力现代化建设进程的不断推进，各级政府以及社会组织对震前、震中和震后的建筑结构地震安全评估工作，提出了更快速、更准确、易操作的高标准要求。因此，完整地建立一套适用于我国山地城镇典型建筑结构地震安全快速评估技术框架，是一项重要的研究内容。

本书可直接为山地城镇典型建筑结构震害预测提供参考。

1.4 主要研究内容

本书以我国地震高危险区量大面广存在的山地建筑结构为研究对象，重点关注钢筋混凝土框架结构，结合最新的抗震设计理念和地震安全快速评估理论，考虑建造年度、设防水准、层数、结构刚度分布、场地类型、山地地形以及地理分区等因素，着重研究山地地形因素和时间因素对典型建筑结构震害的“时空分布”特征，引入弹塑性体系设计反应谱理论，采用 Pushover 能力谱法，确定山地城镇典型建筑结构地震易损性分析方法，研究并建立考虑“时-空分布”特征的山地城镇典型建筑结构地震安全快速评估方法。

综合考虑地震危险性分析结果和地震安全快速评估模型，结合山地城镇的特殊性，构建适合我国山地城镇基本情况的山地建筑结构地震安全快速评估标准化技术框架。研究成果可为我国各级政府进行山地城市防震减灾规划编制、地震灾害应急预案制定和地震巨灾保险推广等工作提供理论依据和技术指导，最终全面提高我国山地城镇建筑抗震能力水平，切实减轻地震灾害对我国山地城镇所造成的巨大损失。

针对研究目的及意义，具体章节研究内容如下：

第 1 章为绪论。对选题背景进行概述，对研究现状进行回顾，同时阐明研究目的与意义，并明确各章节的内容结构。

第 2 章为长江三峡工程库区地震活动性规律研究。基于库区多年地震监测数据，统计分析库区地震发生情况，并采用概率地震危险性方法对库区地震震级-频度关系模型、库区震级分布概率、库区地震发生次数概率等地震活动性规律开展研究。

第3章为山地建筑震害特征分析。基于国内外山地城镇建筑物在强烈地震作用下的震害调查资料，将山地建筑震害与普通结构震害进行对比分析，总结山地城镇典型钢筋混凝土框架结构的典型破坏形式，并研究影响山地城镇典型钢筋混凝土框架结构抗震能力的主要因素。

第4章介绍基于基本周期的建筑结构地震损伤评估方法。以结构位移为主要变量，针对广义单自由度结构体系推导出适应钢筋混凝土框架结构变形形态和水平地震作用分布模式的基本周期计算公式。参考钢筋混凝土结构力与位移关系曲线，结合基于层间位移角变化的建筑结构地震损伤评估标准，建立了考虑周期变化的建筑结构地震损伤评估标准。引用所建立的建筑结构基本周期计算公式和建筑结构地震损伤评估标准，构建了基于自振周期的建筑结构地震损伤评估方法。

第5章介绍建筑结构竖向刚度分布设计方法。通过提取所设计6栋钢筋混凝土框架结构的结构动力学参数，分别进行振型分解反应谱法分析和规范底部剪力法分析。通过对比发现，我国规范中关于底部剪力法计算所得结构底层剪力偏小，但结构各层水平位移偏大。针对我国规范底部剪力法存在的不足，结合振型分解反应谱法计算结果，提出了修正底部剪力法计算公式。

第6章介绍山地建筑地震易损性时空分布特征。引入第2章确定的震害影响因素，对第4章和第5章所形成的建筑结构地震安全评估计算公式进行修正，重点关注以山地地形以及结构刚度分布不规则性为特征的“空间分布”效应和以建筑建造年代差异以及建筑年龄为代表的“时间分布”效应，即“时-空分布”效应对山地建筑结构地震破坏的影响。

第7章介绍考虑“时-空分布”的山地钢筋混凝土结构地震安全评估。首先考虑建筑年龄、设计规范变更等因素所关联的“时间分布作用”，研究并给出针对时间因素的地震易损性修正系数计算公式。其次根据我国山地城镇坡地特征，以坡高、坡角为自变量确定山地地形分类。再次基于我国汶川地震、玉树地震、芦山地震、鲁甸地震的山地建筑震害资料和强震观测数据，结合相关研究成果，确定各地形分类所对应的地震动放大系数，研究并给出针对空间因素的地震易损性修正系数。最后综合形成考虑“时-空分布”的山地建筑地震安全评估模型。

第8章为重庆市永川区城区建筑结构震害预测。选取重庆市永川区这一山地城市，应用考虑地形影响的震害预测方法对各类建筑结构开展震害预测。

参考文献

[1] 黄光宇. 山地城市学原理［M］. 北京：中国建筑工业出版社，2006.

[2] 王勤彩. 中国大陆水库地震震例（第1集）[M]. 北京：地震出版社，2015.

[3] 王尚彦，陈本金，王波，等. 贵州水库地震研究 [M]. 北京：地震出版社，2017.

[4] Taylor O D S, Lester A P, Lee T A, et al. Can repetitive small magnitude-induced seismic events actually cause damage? [J]. Advances in Civil Engineering, 2018, Special Issue: 2056123.

[5] Johnson E G, Haagenson R, Liel A B, et al. Mitigating injection-induced seismicity to reduce seismic risk [J]. Earthquake Spectra, 2021, 37 (4): 2687-2713.

[6] Atkinson G M. The intensity of ground motions from induced earthquakes with implications for damage potential [J]. Bulletin of the Seismological Society of America, 2020, 110 (5): 2366-2379.

[7] Nievas C I, Bommer J J, Crowley H, et al. A database of damaging small-to-medium magnitude earthquakes [J]. Journal of Seismology, 2020, 24 (2): 263-292.

[8] Atkinson G M. Ground-motion prediction equation for small-to-moderate events at short hypocentral distances, with application to induced-seismicity hazards [J]. Bulletin of the Seismological Society of America, 2015, 105 (2A): 981-992.

[9] Boore D M. A note on the effect of simple topography on seismic SH waves [J]. Bulletin of the Seismological Society of America, 1972, 62 (1): 275-284.

[10] Ashford S A, Sitar N, Lysmer J, et al. Topographic effects on the seismic response of steep slopes [J]. Bulletin of the Seismological Society of America, 1997, 87 (3): 701-709.

[11] Susan E H, Jean R A, Dieuseul A, et al. Localized damage caused by topographic amplification during the 2010 M7.0 Haiti earthquake [J]. Nature Geoscience, 2010, 3 (11S): 778-782.

[12] Pischiutta M, Cianfarra P, Salvini F, et al. A systematic analysis of directional site effects at stations of the Italian seismic network to test the role of local topography [J]. Geophysical Journal International, 2018, 214 (1): 635-650.

[13] Chiou B S J, Youngs R R. Update of the Chiou and Youngs NGA model for the average horizontal component of peak ground motion and response spectra [J]. Earthquake Spectra, 2014, 30 (Special Ⅰ): 1117-1153.

[14] Rai M, Rodriguez-Marek A, Chiou B S. Empirical terrain-based topographic modification factors for use in ground motion prediction [J]. Earthquake Spectra, 2017, 33 (1): 157-177.

[15] 周国良，李小军，李铁萍，等. SV波入射下峡谷地形对多支撑大跨桥梁地震反应影响分析 [J]. 岩土力学，2012，33（5）：1572-1578.

[16] 蒋涵，周红，高孟潭. 山脊线与坡度和峰值速度放大系数的相关性研究 [J]. 地球物理学报，2015，58（1）：229-237.

[17] 张建毅，薄景山，王振宇，等. 汶川地震局部地形对地震动的影响 [J]. 自然灾害学

报，2012，21（3）：164-169.

［18］邓鹏．单体边坡地形的地震动力响应及其放大效应的数值分析［J］．地震学报，2020，42（3）：349-361，378.

［19］万子轩，梁春涛，罗永红．斜坡地形效应模拟研究［J］．防灾科技学院学报，2020，22（1）：1-9.

［20］Humar J L，Wright E W．Earthquake response of steel-framed multistorey buildings with set-backs［J］．Earthquake Engineering and Structural Dynamics，1977，5（1）：15-39.

［21］Varadharajan S，Sehgal V K，Saini B．Seismic response of multistory reinforced concrete frame with vertical mass and stiffness irregularities［J］．Structural Design of Tall and Special Buildings，2014，23（5）：362-389.

［22］Kumar S，Paul D K．A simplified method for elastic seismic analysis of hill buildings［J］．Journal of Earthquake Engineering，1998，2（2）：241-266.

［23］Halkude S A，Kalyanshetti M G，Ingle V D．Seismic analysis of buildings resting on sloping ground with varying number of bays and hill slopes［J］．International Journal of Engineering Research and Technology，2013，2（12）：3632-3640.

［24］Sarkar P，Prasad A M，Menon D．Seismic evaluation of RC stepped building frames using improved pushover analysis［J］．Earthquakes and Structures. 2016，10（4）：913-938.

［25］De M，Sengupta P，Chakraborty S．Fundamental periods of reinforced concrete building frames resting on sloping ground［J］．Earthquakes and Structures，2018，14（4）：305-312.

［26］Bhosale A S，Davis R，Sarkar P．Vertical irregularity of buildings：regularity index versus seismic risk［J］．ASCE-ASME Journal of Risk and Uncertainty in Engineering Systems，Part A：Civil Engineering，2017，3（3）：04017001.

［27］王丽萍，李英民，郑妮娜，等．5·12 汶川地震典型山地建筑结构房屋震害调查［J］．西安建筑科技大学学报（自然科学版），2009，41（6）：822-826.

［28］黄群贤，郭子雄，杜培龙．竖向刚度不规则高层框架结构推覆分析方法［J］．中南大学学报（自然科学版），2014，45（11）：3993-3999.

［29］杜永峰，包超，张尚荣，等．竖向不规则 RC 框架抗竖向连续倒塌鲁棒性分析［J］．土木工程学报，2014，47（S2）：101-107.

［30］杜永峰，包超，李慧，等．基于变换路径法的竖向不规则 RC 框架动力增大系数研究［J］．建筑科学与工程学报，2014，31（2）：45-50.

［31］杜永峰，包超，李慧．竖向不规则框架结构连续性倒塌分析［J］．防灾减灾工程学报，2014，34（2）：229-234.

［32］周靖，补国斌，王慧英．强震作用下竖向不规则结构的延性折减系数研究［J］．工程力学，2014，31（4）：189-195.

［33］周靖，陈秦，王慧英．钢筋混凝土框架结构竖向不规则参数的概率评估［J］．建筑结构学报，2014，35（3）：39-45.

[34] 周靖，罗高杰，方小丹．强震作用下竖向不规则 RC 框架结构抗震易损性分析［J］．建筑结构学报，2011，32（11）：134-142.

[35] 杨佑发，赵应江，王景荣．典型山地建筑掉层框架结构抗震性能 Pushover 分析［J］．建筑结构学报，2015，36（S2）：119-125.

[36] 陈大川，湛洋，王海东，等．填充墙竖向不规则布置 RC 框架结构考虑 SSI 效应的 MPA 分析［J］．湖南大学学报（自然科学版），2020，47（7）：40-49.

[37] Wu S，He H X，Cheng S T，et al. Story stiffness optimization of frame subjected to earthquake under uniform displacement criterion［J］. Structural and Multidisciplinary Optimization，2021，63（3）：1533-1546.

[38] 何浩祥，王文涛，吴山．基于均匀变形和混合智能算法的框架结构抗震优化设计［J］．振动与冲击，2020，39（4）：113-121.

[39] 焦柯，赖鸿立，胡成恩，等．高层结构不规则项判别条件的探讨及建议［J］．建筑结构，2020，50（10）：28-38.

[40] Alex H B，Fabricio Y M，Jose A C. Damage scenarios simulation for seismic risk assessment in urban zones［J］. Earthquake Spectra，1996，12（3）：371-394.

[41] Ordaz M，Singh S K. Source spectra and spectral attenuation of seismic waves from Mexican earthquakes，and evidence of amplification in the hill zone of Mexico City［J］. Bulletin of the Seismological Society of America，1992，82（1）：24-43.

[42] Buech F，Davies T R，Pettinga J R. The Little Red Hill seismic experimental study：Topographic effects on ground motion at a bedrock-dominated mountain edifice［J］. Bulletin of the Seismological Society of America，2010，100（5A）：2219-2229.

[43] Bradley B A. Strong ground motion characteristics observed in the 13 June 2011 M w 6.0 Christchurch，New Zealand earthquake［J］. Soil Dynamics & Earthquake Engineering，2016，91：23-38.

[44] 陈达生，周锡元．云南澜沧-耿马地震震害论文集［M］．北京：科学出版社，1991.

[45] 周国良．河谷地形对多支撑大跨桥梁地震反应影响［D］．哈尔滨：中国地震局工程力学研究所，2010.

[46] 王兰民，吴志坚．岷县漳县 6.6 级地震震害特征及其启示［J］．地震工程学报，2013，35（3）：401-412.

[47] 冀昆，温瑞智，崔建文，等．鲁甸 M_S6.5 级地震强震动记录及震害分析［J］．震灾防御技术，2014，9（3）：325-339.

[48] 王一功，杨佑发．多层接地框架土-结构共同作用分析［J］．世界地震工程，2005（3）：88-93.

[49] 杨佑发，赵应江，王景荣．典型山地建筑掉层框架结构抗震性能 Pushover 分析［J］．建筑结构学报，2015，36（S2）：119-125.

[50] 凌玲．典型山地 RC 框架结构强震破坏模式与易损性分析［D］．重庆：重庆大

学，2016.

[51] The National Institute of Building Sciences (NIBS). Earthquake Loss Estimation Methodology, HAZUS 99 Technical Manual [R]. Report prepared for the FEMA, Washington, DC, 1999.

[52] Faccioli E, Pessina V, Calvi G M, et al. A study on damage scenarios for residential buildings in Catania city [J]. Journal of Seismology, 1999, 3 (3): 327-343.

[53] Raghunandan M, Liel A B, Luco N. Aftershock collapse vulnerability assessment of reinforced concrete frame structures [J]. Earthquake Engineering & Structural Dynamics, 2015, 44 (3): 419-439.

[54] Karapetrou S T, Fotopoulou S D, Pitilakis K D. Seismic vulnerability assessment of high-rise non-ductile RC buildings considering soil-structure interaction effects [J]. Soil Dynamics & Earthquake Engineering, 2015, 73: 42-57.

2 长江三峡工程库区地震活动性规律研究

水库是国民经济发展过程中所需要的重要基础设施，根据《中国统计年鉴2021》，2019 年我国拥有水库 98112 座，其中库容在 1 亿立方米以上的大型水库744 座，库容在 1000 万～1 亿立方米的中型水库 3978 座，且目前国内规模大、梯级化的大型水库逐渐向水资源丰富但地震多发的西部地区开拓建设。同时，受蓄水后水力渗透、介质水饱和度增加、水位变化以及地下水位升高等因素的影响，距水库水岸线 10 km 区域的库区常发生触发型或诱发型地震，即发生水库地震。以三峡工程为例，自 2003 年蓄水以来，库区地震发生频次明显增加，根据《长江三峡工程生态与环境监测公报 1997—2018》《三峡工程公报 2019—2020》，绘制了如图 2-1 所示的三峡工程库区及邻区（28～34N°，108～114E°）地震发生次数与库区年平均水位变化关系图。

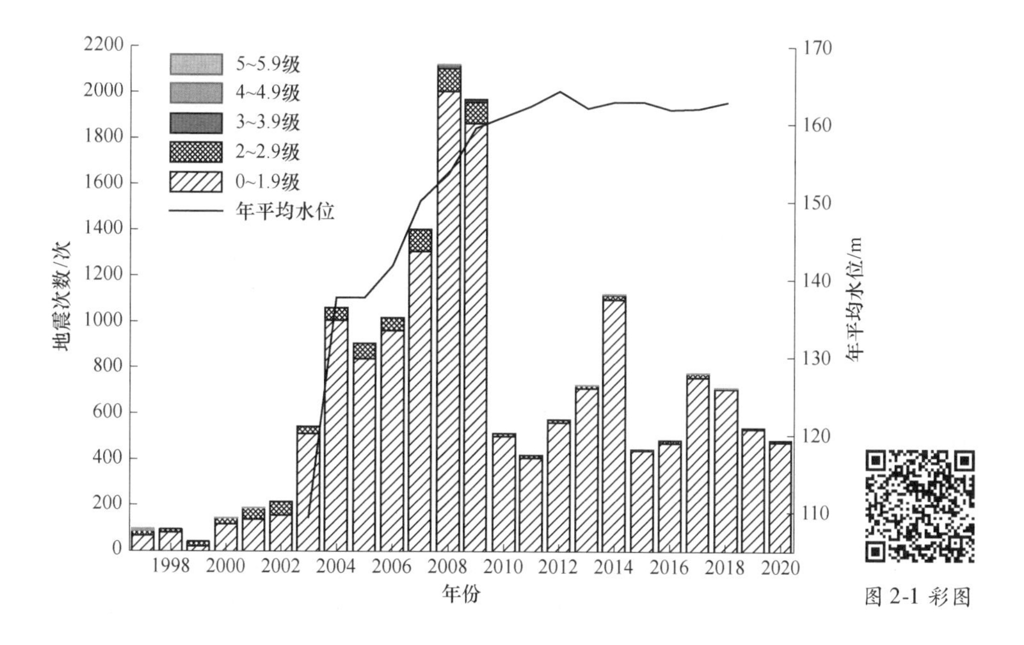

图 2-1　三峡工程库区及邻区地震发生次数与库区年平均水位变化关系图

据不完全统计，新中国成立以来我国大陆发生的 3.0 级及以上水库地震约 160 余例，其中 5.0 级及以上强烈地震 7 例，我国典型水库地震破坏实例如表 2-1 所示。

表 2-1　我国大陆水库地震典型破坏实例

序号	水库	位置	库容/亿立方米	坝高/m	最大震级	烈度/度	破坏情况
1	新丰江	广东河源	105	115	6.1	Ⅷ	Ⅰ类房屋全部损坏，且大部分严重破坏甚至倒塌；Ⅱ类房屋普遍破坏，部分严重破坏，少数倒塌；Ⅲ类房屋普遍受损，少部分严重破坏，个别倒塌
2	克孜尔	新疆拜城	44	6.4	5.7	Ⅵ	地震造成 1 人重伤、2 人轻伤，中等破坏以上的房屋面积达 18 万平方米
3	隔河岩	湖北长阳	151	34	3.3	Ⅳ	100 多户居民房屋掉瓦，十余座房屋轻微破坏
4	大化	广西都安	74	4.19	4.9	Ⅶ	房屋倒塌 15 间，震裂 2100 间，伤 10 人
5	溪洛渡	云南四川	285.5	128	5.3	不详	6 人受伤，其中 2 人重伤；倒塌房屋 5 户 8 间，严重损坏 6 户 15 间，一般损坏 7 户 12 间
6	珊溪	浙江文成	156.8	18.04	4.6	Ⅵ	多数砖房的较高楼层出现裂缝，多数夯土墙木屋的墙体出现明显裂缝
7	铜街子	四川乐山	74	2	3.5	Ⅴ	25 户居民房屋损坏，少数Ⅱ类建筑轻微开裂，6 栋Ⅲ类房屋非结构构件破坏

国内外震害表明，与同震级的天然构造地震相比，水库地震具有“震级小、震源浅、烈度高、频度高”的致灾特征，存在 2.0 级左右地震的极震区烈度高达Ⅵ度的震害现象。水库地震对库区建筑的破坏可分为两大类：循环微震脉冲导致场地和上覆结构发生疲劳损伤，单次垂直加速度分量导致建筑结构竖向受力构件震损。

长江三峡工程位于长江西陵峡中段，坝址在湖北宜昌三斗坪，是当今世界上最大的综合性水利枢纽工程，也是具有防洪、供水和航运等长江水资源开发利用及治理功能的长江水流控制性工程。

根据相关资料可知，长江三峡工程库区（以下简称库区）及其附近存在仙女山断裂、黔江断裂、高桥断裂、巫山-金佛山断裂、九畹溪断裂、都匀-丰都断裂、大茅田-建始断裂、长寿-遵义断裂和华蓥山断裂等断裂带。历史上距长江三峡工程大坝坝址 300 km 内范围内共计发生 4 次 6 级左右地震，最大地震记录为 1856 年黔江 6. 25 级地震，震中烈度Ⅷ度，地震形成 7600 万平方米堰塞湖。且开工前近 40 年内，长江三峡工程及邻区共记录到 2000 余次地震。综合历史震例数据表明，库区是我国中等强度地震活动区。

在长江三峡工程建设和运行的不同阶段，库区范围内地震发生频次具有明显变化。并且，观测数据表明库区水位高度变化也会对地震发生频次产生影响。图 2-2 显示了长江三峡工程开建以来的历年最高水位、各级地震发生年频次变化情况。

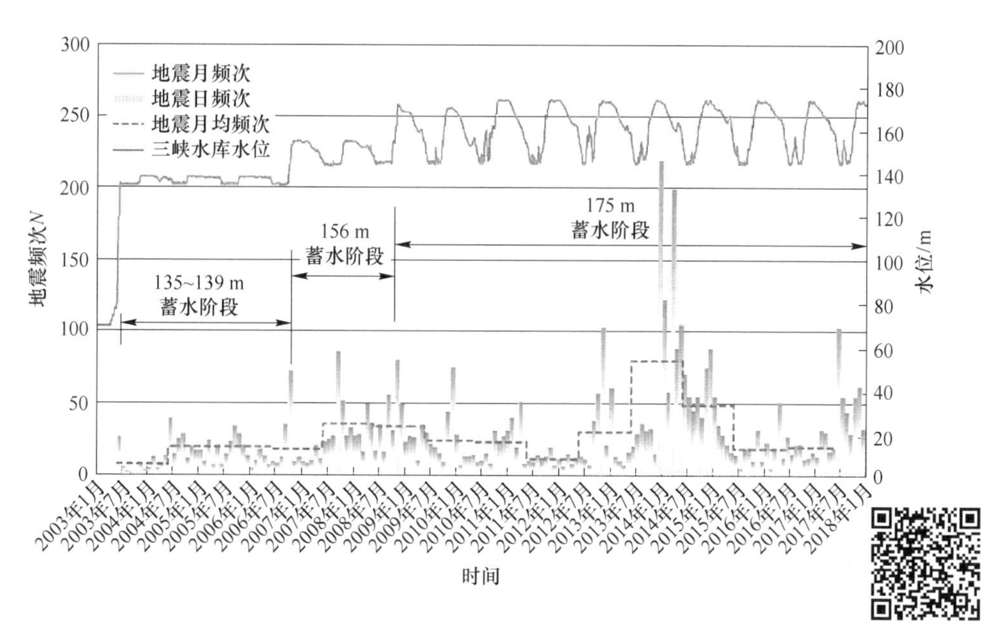

图 2-2 库区历年最高水位及地震发生年频次

图 2-2 彩图

由图 2-2 可知，库区地震主要表现为微震、极微震的活动形式，库区范围内所发生最大震级地震为 2013 年 12 月 16 日湖北省恩施土家族苗族自治州巴东县 5. 1 级地震，震源深度 5 km。虽然库区强烈地震发生频次不高，由地震灾害所导致的直接经济损失相对较小，但由于库区存在大量条状突出的山嘴、高耸孤立的山丘、非岩石和强风化岩石的陡坡、河岸和边坡边缘等不利地形，且上述不利地形在地震动作用下易产生地震动放大效应，继而间接引起滑坡、崩塌、库岸失稳等地质灾害。因此，有必要对长江三峡工程库区范围内的地震活动性模型进行研究，以期对当地防灾减灾规划、地震地质灾害预防和预测提供参考和指导。

丁仁杰等根据历史震害资料对库区地震灾害孕育条件、地震危险性、地震监测预报以及震害预防等问题进行分析研究，提出了库区蓄水对水库地震、地质灾害的潜在危险性等具体问题。王儒述基于国内外水库诱发地震资料研究了水库诱发地震的分布范围、发震时间、发震趋势、发震特点、诱发条件以及地震分类等问题，并根据长江三峡工程水库的具体情况研究了库区地震发生的危险性情况。戴苗、姚运生等针对长江三峡工程坝前水位变化情况与库区地震活动性规律之间因果关系这一科学问题，结合坝前水位、坝前水位变化速率、地震活动性等监测数据和地震现场调查资料，分析了库区断层渗透结构与地震发生之间的联系，总结分析出水库地震发生频次与坝前水位变化速率相关的结论，确定蓄水后库区诱发地震多为矿山塌陷、滑坡型地震和岩溶型地震，而构造性地震不占主要地位。张燕等通过分析三峡大坝坝址附近断层活动性与库区水位变化之间的关系，发现长江三峡水库蓄水对周围断层活动具有较为明显的影响，但这种影响主要是由水载荷产生的应力场与断层性状耦合作用所致。杨阳等利用遥感影像数据采用负荷格林函数积分对长江三峡工程库区地面重力随蓄水高度变化情况进行了模拟计算，结果表明随着水位上升大坝上游地面重力增大而下游呈减小趋势。魏东、王孔伟等从区域地质背景、震中位置分布规律、库区蓄水水位与地震发生频次关系等角度入手，研究了三峡库区巴东库岸段地震震源机制解与震级-频度关系系数。综上可知，现有研究多集中在库区水库地震与蓄水水位的关系、库首区域地震变迁规律、库区地震震源机制等方面，但对水库范围内地震活动性规律等问题缺乏深入研究。

本章选取 1996 年 1 月至 2017 年 12 月期间发生在库区范围内的地震为研究样本，采用概率地震危险性评估理论，对库区地震发生规律开展研究。研究成果可对库区进行地震危险性分析和防震减灾工作提供指导和参考。

2.1　地震活动性计算模型

1968 年 Cornell 提出了以概率来评价和表达一个地区或区域未来可能遭遇地震活动性大小的概率地震危险性方法（即 Probabilistic Seismic Hazard Analysis，以下简称 PSHA 方法）。PSHA 方法自提出以来被广泛应用于地震小区划、地震区划图以及工程地震易损性分析等研究工作。

由于地震是随机事件，即未来地震的发生时间、震中位置和震级大小等因素都具有不确定性，而 PSHA 方法建立地震危险性分析模型时须考虑地震发生时间、震中位置和震级大小的联合概率分布，在建立联合概率分布过程中，PSHA 方法有三个基本假定：（1）潜在震源区内地震发生时间服从泊松分布，且地震年平均发生率是常数；（2）潜在震源区内地震发生的空间分布（震中位置）为均匀分布；（3）潜在震源区内不同震级的发生频度服从古登堡-里克特（Gutenberg-Richter，以下简称 G-R）关系。采用 PSHA 方法分析一个地区地震活动性时，需要用到的物理参数包括震级-频度关系系数 b、起算震级 M_0、震级上限 M_u、地震年平均发生率 ν 等。由于所研究的地震活动区为长江三峡工程库区，故在进行地震危险性分析过程中不考虑地震空间分布函数及其相关系数。

对于震级-频度关系系数 b 的计算，根据 G－R 关系按式（2-1）求得。

$$\lg N = a - b \times M \tag{2-1}$$

式中，M 为震级；N 为震级大于或等于 M 的地震次数；a 和 b 为经过统计分析得到的经验常数，其中 b 被称为震级-频度关系系数，该系数与地震区带内的岩层应力状态和地壳岩石破裂强度有关。

起算震级 M_0 是指潜在震源区内可能发生的对工程场地产生影响的最小震级。根据研究目标和潜在震源区的不同，M_0 应根据实际情况确定。

震级上限 M_u 是指潜在震源区内未来可能发生最大地震的震级。水库区域内最大震级 M_u 的确定原则是：取按式（2-2）计算确定出的数值和区域范围内历史最大地震震级向上取整所确定数值的较大值。

$$M_u = 0.59 \times \frac{S \times H}{V} + 3.19 \tag{2-2}$$

式中，S 为库水面积，km^2；H 为最大库深，m；V 为库容，$10^6\ m^3$。

地震年平均发生率 ν 是指潜在震源区内平均每年发生地震的次数，一般情况下为等于或大于起算震级 M_0 的地震次数。

依据上述 4 个地震活动性参数，可计算得到潜在震源区震级分布概率、地震发生次数概率，计算公式如式（2-3）和式（2-4）所示。

$$P(m_j) = \frac{2\exp[-\beta(m_j - M_0)]}{1 - \exp[-\beta(m_u - M_0)]} \times \mathrm{sh}\left(\frac{\beta \times \Delta m}{2}\right) \tag{2-3}$$

式中，$\beta = b\ln 10$；Δm 为震级分档间隔；m_j 为第 j 个震级分档。

$$P(n) = \frac{(\nu_0)^n \exp(-\nu_0)}{n!} \tag{2-4}$$

式中，n 为一年内地震发生次数。

2.2　库区地震活动性概况

根据长江三峡工程诱发地震监测系统连续监测数据、《长江三峡工程生态与环境监测公报 1997—2018》和《长江三峡工程运行实录 2003—2017》分年度对库区范围内不同震级分档的地震发生次数进行统计和分析，所公布库区地震数据的震级分档为 M0.0～0.9、M1.0～1.9、M2.0～2.9、M3.0～3.9、M4.0～4.9、M5.0～5.9。1996～2017 年库区内各震级分档的地震发生次数如表 2-2 所示。

表 2-2 1996 ~ 2017 年库区不同级别地震年频次

年份	震级（里氏震级）					
	0.0 ~ 0.9	1.0 ~ 1.9	2.0 ~ 2.9	3.0 ~ 3.9	4.0 ~ 4.9	5.0 ~ 5.9
1996	125		41	7	0	0
1997	63		24	5	1	0
1998	80		14	0	0	0
1999	17		19	2	0	0
2000	113		27	1	1	0
2001	132		52	3	1	0
2002	153		57	4	0	0
2003	287	220	33	1	0	0
2004	625	378	56	3	0	0
2005	431	405	67	2	0	0
2006	510	448	57	4	0	0
2007	551	751	96	4	0	0
2008	1112	889	105	14	1	0
2009	1144	721	92	7	0	0
2010	416	83	11	0	0	0
2011	321	82	10	0	0	0
2012	441	117	12	3	0	0
2013	573	134	13	1	1	1
2014	850	245	18	5	2	0
2015	347	88	6	0	0	0
2016	343	127	10	1	0	0
2017	618	138	14	3	2	1

由表 2-2 可知，三峡工程库区近期发生的地震主要以微震、极微震为主，最大地震为 2013 年 12 月 16 日 13 时 4 分发生在湖北省巴东县的 $M5.1$ 级地震。自 2003 年正式蓄水以来库区地震发生频次明显升高，且 2008 年汛后开始 175 m 实验性蓄水后地震活动年度总频次达到峰值。

2.3 库区地震震级-频度关系模型

根据 1996 年 1 月 1 日至 2017 年 12 月 31 日地震震级与地震次数监测数据样本，按照式（2-1）可拟合得到震级-频度关系系数 $b = 0.795$，系数 $a = 4.304$。

拟合所得公式的计算结果与样本数据的相关系数和均方差分别为0.9999999996和0.097，表明所得参数具有较高可信度。

当震级-频度关系系数 $b=0.795$ 时，则说明长江三峡工程库区地震震级每增加一级，则地震发生次数约减少84%。

此外，从1996年至2017年22年间的长江三峡库区震级-频度关系系数 $b=0.795$ 来看，库区内地震的地震特征介于构造地震与水库诱发地震之间，可定义为构造“触发型”水库地震。

2.4　库区地震活动性规律

在建立长江三峡库区地震活动性规律研究的过程中，需要确定起算震级、震级上限、震级分档和地震年平均发生率。

起算震级 M_0 取值为0.0级。

针对长江三峡工程库区，$S=1084\ \text{km}^2$、$H=175\ \text{m}$、$V=393000\times10^6\ \text{m}^3$，则震级上限 M_u 按式（2-2）进行计算可得 $M_u=3.47$，而库区近22年来发生最大地震震级为5.1级，按照前文所定原则最终确定 $M_u=6.0$。

取震级分档为0.2级。

根据表2-2所示的地震统计数据可得库区0级、1.0级、2.0级、3.0级、4.0级、5.0级不同震级分档及以上地震年平均发生率 $\nu_0=681.5$，$\nu_1=146.8$，$\nu_2=41.6$，$\nu_3=3.7$，$\nu_4=0.5$，$\nu_5=0.087$。

根据式（2-3）可得长江三峡工程库区震级分布概率曲线，如图2-3所示。

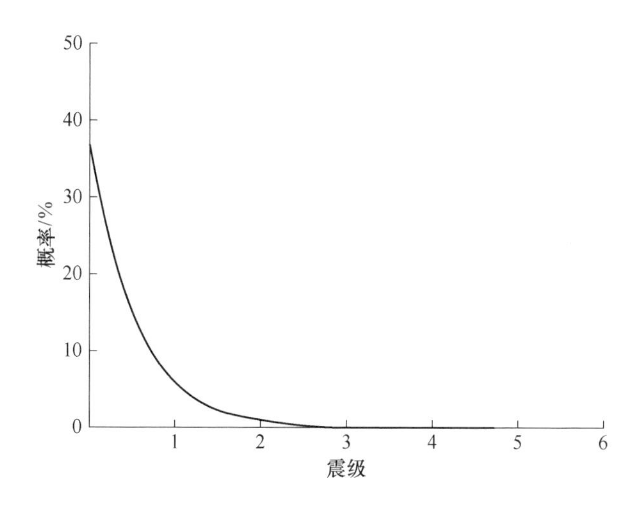

图2-3　震级分布概率曲线

由图 2-3 可知，长江三峡工程库区 M_1 级、M_2 级、M_3 级震级分档的地震发生概率分别为 5.9%、0.95%、0.15%。

根据式（2-4）可得长江三峡工程库区地震发生次数概率，如图 2-4 ~ 图 2-9 所示。

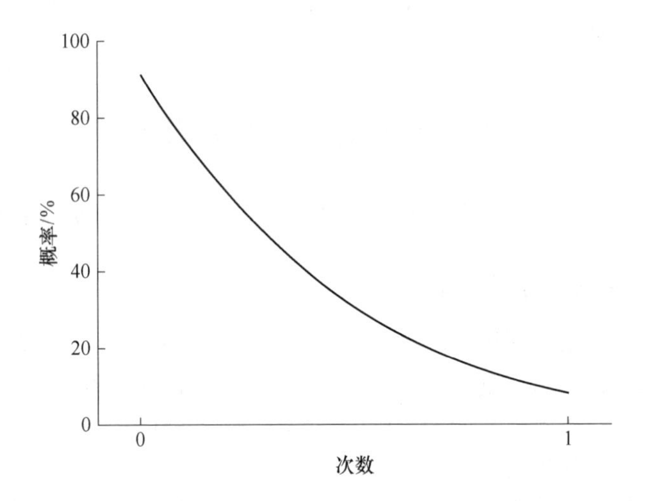

图 2-4　M_5 级及以上地震年发生次数概率分布

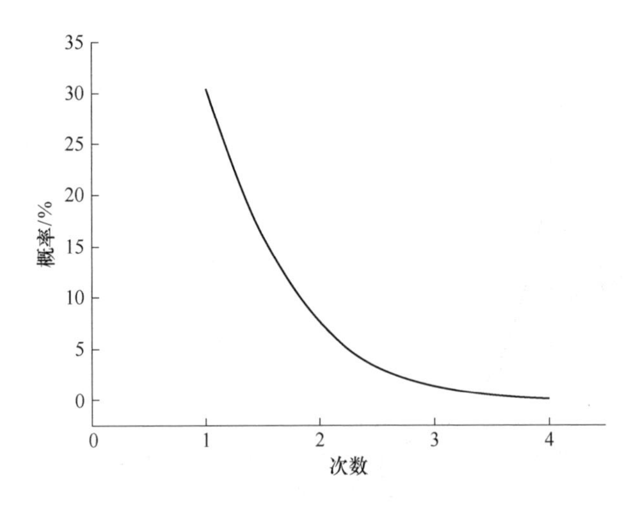

图 2-5　M_4 级及以上地震年发生次数概率分布

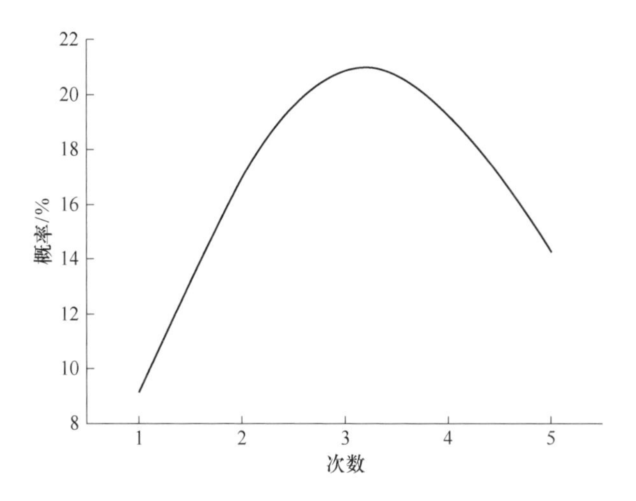

图 2-6　M_3 级及以上地震年发生次数概率分布

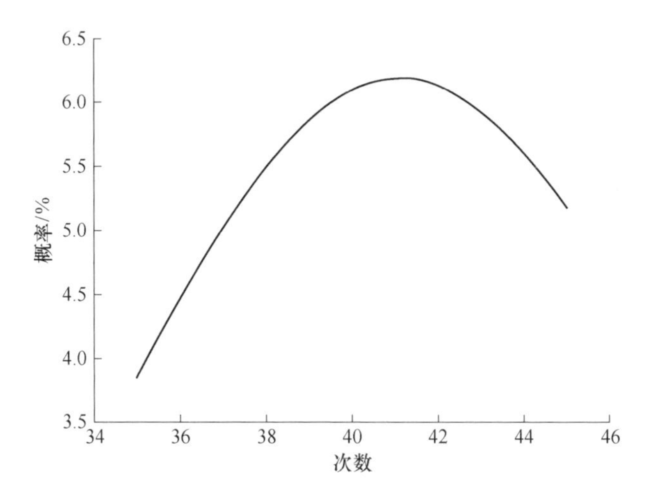

图 2-7　M_2 级及以上地震年发生次数概率分布

由图 2-4 ~ 图 2-9 可知，对于长江三峡库区不同震级 1 年发生频次的概率估计结果如下：M_5 级及以上地震 1 年发生 1 次的概率为 8.2%，实际平均每年发生 0.087 次；M_4 级及以上地震年发生 1 次、2 次、3 次的概率分别为 30.3%、7.5%、1.3%，实际平均每年发生 0.5 次；M_3 级及以上地震 1 年发生 3 次的概率为 20.9%，实际平均每年发生 3.7 次；M_2 级及以上地震 1 年发生 41 次的概率为

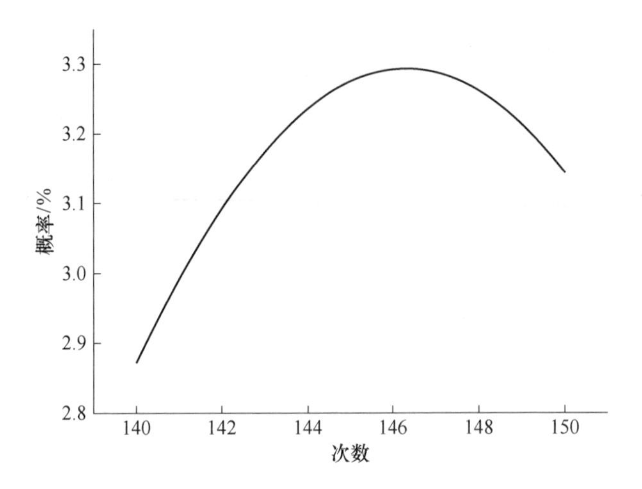

图 2-8　M_1 级及以上地震年发生次数概率分布

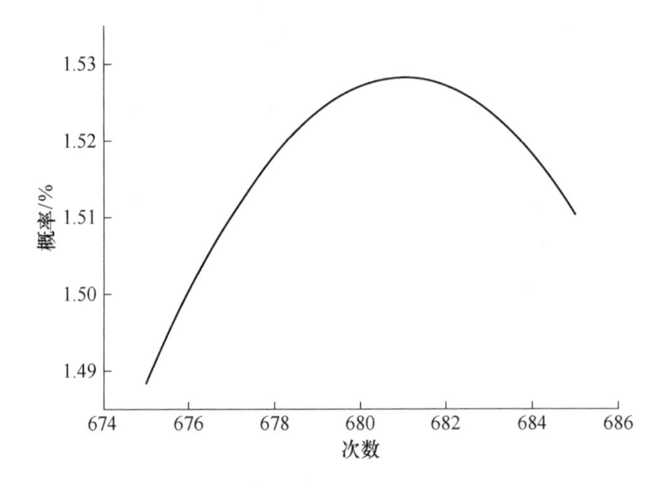

图 2-9　M_0 级及以上地震年发生次数概率分布

6. 2%，实际平均每年发生 41. 6 次；M_1 级及以上地震 1 年发生 146 次的概率为 3. 3%，实际平均每年发生 146. 8 次；M_0 级及以上地震 1 年发生 681 次的概率为 1. 5%，实际平均每年发生 681. 5 次。

由以上结果可知，使用如式（2-4）估计地震发生次数时，当震级处于 M_5 级及以上、M_4 级及以上和 M_3 级及以上时，公式估计结果与实际统计结果较为吻合，但震级较小时公式估计结果与实际结果差别较大。因此，针对 M_2 级及以下震级的地震发生频率估计，不宜采用如式（2-4）所示的泊松模型。

2.5 小 结

针对长江三峡工程库区地震发生规律，得出以下研究结论：

（1）总结了长江三峡工程自1996年1月1日开工以来至2017年12月31日之间库区范围内地震发生情况，根据历史地震记录可知长江三峡工程库区地震震级以微震与极微震为主，且库区地震发生频次与库区蓄水水位的变化具有一定的正相关关系，因此未来应注重监测和研究库区水位变化与库区地震以及地质灾害发生频次变化之间的关系。

（2）采用古登堡-里克特关系模型估计出长江三峡工程库区震级-频度关系系数 b 为0.795，并根据参数 b 初步判断长江三峡工程库区地震以构造“触发型”水库地震为主，构造“触发型”水库地震的诱发与库区消落区工程地质条件和水位变化规律等因素相关。

（3）使用概率地震危险性方法，对长江三峡工程库区的震级分布概率、地震发生次数概率等地震发生规律进行了研究，结果表明当震级稍大时地震发生次数基本服从泊松分布，但极微震条件下地震发生次数不宜使用泊松分布进行概率估算。

参 考 文 献

[1] 丁仁杰，汪成民，胡正华，等. 试论长江三峡库区地震、地质灾害及其监测、预报与防治［J］. 自然灾害学报，2001（3）：71-78.

[2] 王儒述. 三峡水库诱发地震的监测与预报［J］. 水电站设计，2006，22（3）：67-72.

[3] 王儒述. 对长江三峡水库诱发地震的探讨［J］. 水电与新能源，2014（8）：1-6.

[4] 戴苗，姚运生，陈俊华，等. 三峡库区地震活动与坝前水位关系研究［J］. 人民长江，2010，41（17）：12-15，50.

[5] 张燕，吕品姬，柳嘉. 长江三峡水库蓄水对断层活动的影响［J］. 武汉大学学报（信息科学版），2017，42（10）：1497-1500.

[6] 杨阳，高永泉，王伟，等. 三峡水库蓄放水对地面重力变化的影响分析［J］. 测绘科学，2018，43（4）：66-70.

[7] 魏东，王孔伟，朱伟，等. 三峡库区巴东库岸段水库地震迁移规律［J］. 工程地质学报，2018，26（4）：915-929.

[8] 高孟潭. GB 18306—2015《中国地震动参数区划图》宣贯教材［M］. 北京：中国标准出版社，2015.

[9] 张飞宇，王晓青，付虹，等. 水库地震最大震级预测初步研究［J］. 地震地质，2009，31（4）：747-757.

[10] 中国环境监测总站. 长江三峡工程生态与环境监测公报1997—2018［R］. 北京：中华人民共和国生态环境部，1997～2018.

[11] 中国长江三峡集团有限公司. 长江三峡工程运行实录 2013 [M]. 北京：中国三峡出版社，2014.
[12] 中国长江三峡集团有限公司. 长江三峡工程运行实录 2014 [M]. 北京：中国三峡出版社，2016.
[13] 中国长江三峡集团有限公司. 长江三峡工程运行实录 2015 [M]. 北京：中国三峡出版社，2017.
[14] 中国长江三峡集团有限公司. 长江三峡工程运行实录 2016 [M]. 北京：中国三峡出版社，2017.
[15] 中国长江三峡集团有限公司. 长江三峡工程运行实录 2017 [M]. 北京：中国三峡出版社，2018.
[16] 焦远碧. 地震序列类型、地震序列 b 值与地震大形势关系初探 [J]. 地震，1998，18 (1)：33-40.
[17] 王以仁. 水库诱发地震成因机制的探讨 [J]. 广西水利水电，1991 (2)：64-69.
[18] 李碧雄，田明武，莫思特. 水库诱发地震研究进展与思考 [J]. 地震工程学报，2014，36 (2)：380-386，412.
[19] 杨良权，李波，徐鹏，等. 普腊水库工程地质灾害危险性评估及防治措施研究 [J]. 科学技术与工程，2013，13 (4)：985-995.

3 山地建筑震害特征分析

3.1 山地建筑空间形式

受自然环境、场地条件和历史文化等多重因素的影响和制约，尤其是受场地地形高差的影响，山地城镇建筑结构形成了特有的地基处理技术、基础构造形状和建筑结构空间形式。随着山地建筑量大面广的建造，已形成了“筑台、悬挑、吊脚、坡厢、拖厢、梭厢、围转、跨越、架空、靠山、下跌、上爬、后退（掉层）、让出、钻进、错层、分化、联通”十八种建筑结构空间形式。

上述建筑结构空间布局各有特点。筑台建筑可提供平整的建筑场地，有利于建筑结构的规则性；悬挑建筑可在基底面积有限的情况下，增加上层建筑的使用面积；吊脚建筑、架空建筑使上部结构布置灵活，下部空间敞朗；坡厢建筑、拖厢建筑、梭厢建筑可充分利用侧边地形，通过增加附属结构扩充建筑总面积；围转建筑、靠山建筑、下跌建筑、上爬建筑、钻进建筑、错层建筑增加了建筑与地形结合的有机性，内部空间处理灵活；后退（掉层）建筑、让出建筑可避免大量的基坑开挖；跨越建筑、分化建筑、联通建筑可在地形限制的条件下增加建筑交通的效率。

3.2 山地建筑震害

相对于平坦地形拥有大量建筑物震害数据的情况，山地城镇中山地建筑震害实例相对较少。山地建筑震害实例偏少的主要原因是：相关研究人员在调查山地建筑震害时缺乏对山地地形、结构刚度不规则等致灾因素的专门考虑，致使现有的震害实例缺乏部分信息，从而对山地建筑易损性分析、震害预测以及地震破坏评估等研究工作产生不利影响。

基于国内外相关文献资料，本章整理了部分山地建筑震害资料。总体而言，山地建筑破坏分为场地破坏引起结构破坏、地基或基础失效引起结构破坏、结构振动破坏三种。

3.2.1 场地破坏引起结构破坏

实际震害表明，平原地区因天然地基破坏或沉降所造成的建筑震害仅占建筑震害总数的极小部分。而山地地形中，由于地基原因造成上部建筑物破坏的比例相对较高。主要原因是由于山地局部突出地形属抗震不利场地，且在地理形状、坡高、坡角、土质、覆盖层等多种因素影响下，山地工程场地受强烈地震动作用易发生滑坡、崩塌、地裂、震陷、液化和断层等场地破坏。

图 3-1 为 1964 年美国阿拉斯加 9. 2 级特大地震引发山体滑坡，并导致上部结构倒塌。

(a)

(b)

图 3-1　地震诱发山体滑坡致使结构倒塌

（a）民居破坏；（b）位于安克雷奇的国立山地小学破坏

图 3-2 为 2011 年 2 月 22 日新西兰基督城 6. 3 级地震导致城市东南部部分山体发生崩塌，并引发山脚和山顶的部分房屋发生严重破坏。

(a)

(b)

(c)

(d)

图 3-2　地震引发崩塌破坏导致房屋损毁
（a）导致山脚房屋破坏；（b）导致山顶房屋倾覆；（c）地裂缝穿过山顶房屋客厅；（d）巨石砸毁房屋

图 3-3 为 2011 年 2 月 22 日新西兰基督城 6.3 级地震导致城市东南部一山体近 1 m 宽地裂缝，引发附近房屋发生倾斜破坏。

(a)

(b)

图 3-3　地震引发地裂缝致使房屋失稳
（a）地裂缝；（b）房屋破坏

图 3-4 为 2018 年 9 月 28 日印度尼西亚苏拉威西 7.5 级地震发生后，大面积土壤液化导致震中附近一批山地建筑损毁。

图 3-4　土壤液化引发建筑损毁

图 3-5 为 1999 年 9 月 21 日中国台湾集集 7.6 级强烈地震发生之后，丰原市多栋建筑因断层通过而出现倒塌或严重破坏。

图 3-5　断层通过导致房屋破坏

3.2.2 地基或基础失效引起结构破坏

受山地地形影响，山地建筑的地基、基础在空间布局上存在不规则性，进而导致山地建筑地基、基础在强震作用下易发生破坏。震害案例表明，山地建筑地基基础震害通常包括地基不均匀沉降、地基土崩塌、基础强度失效等。

图 3-6 为建筑因地基发生移位而引发上部结构倾斜。

图 3-6 地基移位引发结构破坏

图 3-7 为 2011 年 12 月 23 日新西兰基督城 6.3 级地震导致山地建筑临坡面地基局部失稳导致结构破坏。

图 3-8 为 2015 年 4 月 25 日尼泊尔廓尔喀 7.8 级地震致使辛胡帕畴地区一建筑地基发生垮塌。

图 3-9 和图 3-10 为 2015 年 4 月 25 日尼泊尔廓尔喀 7.8 级地震引发部分建筑基础失效，结构发生严重破坏。

2007 年 11 月 14 日智利 Mejillones 市 Tocopilla 地区发生 7.5 级强烈地震后，位于 Tocopilla 地区的几栋山地建筑发生局部倒塌破坏，破坏原因为强震引发地基失效，如图 3-11 所示。

1989 年 10 月 17 日 Loma Prieta 发生 7.1 级强烈地震。震区多处区域因人工回填土地基发生液化而引发上部结构破坏或倒塌。人工回填浅海湾后形成的 Marina 地区在此次地震中出现山地建筑因地基失效而产生倒塌震害，如图 3-12 所示。

图 3-7　地基失稳导致结构破坏

图 3-8　地基垮塌致使结构破坏

图 3-9 地基失效引发结构严重破坏

图 3-10 加德满都一宾馆因基础失效发生破坏

图 3-11　地基失效致使结构局部倒塌

图 3-12　因地基失效而引发建筑倒塌

3.2.3　结构振动破坏

山地建筑上部结构地震破坏主要原因包括地形放大效应、结构平面不规则、结构立面不规则等。

1994 年 1 月 17 日美国洛杉矶地区发生里氏 6.4 级地震，震中位于圣费兰多峡谷，地震发生后大量山地建筑发生不同程度破坏，如图 3-13 所示。

(a) (b)

图 3-13 北岭地震引发山地建筑倒塌
（a）加利福尼亚一栋建筑倒塌；（b）倒塌后的山地建筑

2010 年 9 月 4 日新西兰 Darfield 发生 7.1 级强烈地震，地震造成位于山顶的利特尔顿报时球站发生严重破坏，并于 2011 年 2 月 22 日 6.3 级余震中发生毁坏，如图 3-14 所示。

(a)

(b)

图 3-14 利特尔顿报时球站发生毁坏
（a）震前建筑实景；（b）余震后发生毁坏

2008 年 5 月 12 日四川省汶川发生 8.0 级特大地震，地震造成北川县曲山镇一栋建于山体坡脚下的 6 层底框架结构因挡土墙失稳挤压而发生严重破坏，如图 3-15 所示。

(a)

(b)

图 3-15　北川县曲山镇底框架结构发生严重破坏

（a）震害详图；（b）整体震害

2010 年 1 月 12 日海地发生 7.3 级强烈地震，首都太子港内多处山地建筑遭受严重破坏，如图 3-16 所示。

图 3-16　太子港山地建筑破坏

1980 年 11 月 23 日，意大利 Irpinia 发生 6.9 级地震，造成山地城镇 Conza Della Campania 多栋建筑损毁，如图 3-17 所示。

图 3-17 Conza Della Campania 多处山地建筑损毁

1964 年美国阿拉斯加 9.2 级特大地震导致 Anchorage 一栋山地公寓建筑发生严重破坏，如图 3-18 所示。

图 3-18 山地公寓发生严重破坏

2011 年 9 月 18 日印度锡金发生 6.8 级地震，一栋 10 层（其中路面以上 4 层）的“下跌式”山地建筑遭受严重破坏，如图 3-19 所示。

(a)

(b)

图 3-19　“下跌式”山地建筑遭遇严重破坏
（a）透视图；（b）局部破坏图

2011 年 12 月 23 日新西兰基督城 6.3 级地震导致灾区一栋处于山顶的山地建筑发生严重破坏，底层墙体发生移位，如图 3-20 所示。

图 3-20　山顶建筑的底层墙体发生移位

2015 年 4 月 25 日尼泊尔廓尔喀 7.8 级地震致使 Chautara 地区一栋吊脚式山地建筑填充墙平面外失稳，如图 3-21 所示。

图 3-21 Chautara 地区一栋山地建筑填充墙平面外失稳

图 3-22 为 2015 年 4 月 25 日尼泊尔廓尔喀 7.8 级地震发生后，Araniko 高速公路附近的一栋吊脚式山地建筑被滚落巨石推毁。

图 3-22 滚落巨石致使山地建筑损毁

2008 年 5 月 12 日四川省汶川发生 8.0 级特大地震造成北川某酒店附楼发生严重破坏，该建筑因竖向刚度不规则，在强烈地震作用下结构收进处柱子的上下梁端出现塑性铰而倾斜，如图 3-23 所示。

图 3-23　北川某酒店附楼因竖向不规则发生严重破坏

2016 年 2 月 6 日中国台湾美浓发生 6.4 级地震，造成台南市南化区南化里一栋二层吊脚式山地建筑发生中等破坏，该建筑于 2010 年 3 月 4 日高雄甲仙 6.4 级地震后采用附加钢板方式对底层柱进行加固，加固后及震后照片如图 3-24 所示。

(a)

(b)

(c)

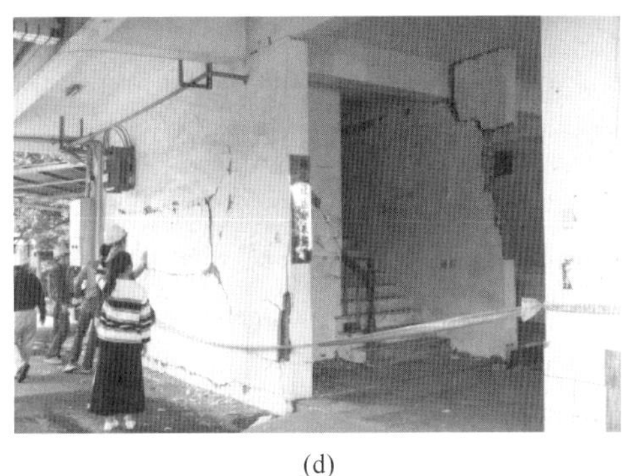
(d)

图 3-24　中国台湾美浓地震刚度不规则建筑破坏
(a) 震前照片 1；(b) 震前照片 2；(c) 震后照片 1；(d) 震后照片 2

3.3 小　结

本章详细论述了三种山地建筑地震破坏类型，分别是场地破坏引起结构破坏、地基或基础失效引起结构破坏和结构振动破坏。三种破坏类型直接说明了以山地地形不规则性、结构刚度分布不规则性为特征的“空间分布”效应和以建筑建造年代差异和建筑年龄为代表的“时间分布”效应，即“时-空分布”效应会对山地建筑结构的地震破坏产生影响。

鉴于我国山地城镇建筑结构量大面广的存在，且当前阶段我国山地地形覆盖国土区域的地震危险性相对最高，因此有必要考虑以山地城镇场地地形为典型的空间因素，引入建造年代所体现的抗震设计规范变迁和混凝土强度变化等时间因素，采用弹塑性体系设计反应谱理论，以山地城镇钢筋混凝土框架结构为主要研究对象，对山地城镇典型建筑物的地震安全快速评估方法进行重点研究，构建出适合我国国情的考虑“时-空分布”效应的山地城镇建筑结构地震安全快速评估标准化技术框架。本章为后续章节的研究奠定了基础。

参 考 文 献

[1] Hansen W R. Effects of the earthquake of March 27, 1964, at Anchorage, Alaska: Chapter A in the Alaska earthquake, March 27, 1964: effects on communities [J]. Geological Survey Professional Paper, 1965, 542 (A): 1-68.

[2] El Cambray Dos landslide in Guatemala: many killed [EB/OL]. (2015-10-03) [2022-08-12]. https: //blogs. agu. org/landslideblog/page/123/.

[3] 中新网．印尼强震海啸救援困难 15 岁女孩被困水中两天获救 [EB/OL]. (2018-10-01) [2022-08-13]. https: //www. chinanews. com. cn/tp/hd2011/2018/10-01/844290. shtml.

[4] Robb E S M, Eric M T, Kieffer D S. Geotechnical effects of the 2015 magnitude 7. 8 Gorkha, Nepal, earthquake and aftershocks [J]. Seismological Research Letters, 2015, 86 (6): 1514-1523.

[5] Astroza M, Omerovic J, Astroza R, et al. Intensity and damage assessment of the 2007 Tocopilla Earthquake, Chile [R]. EERI, 2008.

[6] National Institute of Standarns and Technology U. S. Department of commerce, building damaged by 1989 Lome Prieta, Calif. , earthquake [EB/OL]. (2007-02-05) [2024-04-13]. https: //www. nist. gov/image/buildingresearchearthquakejpg.

[7] Buchanan A, Carradine D, Beattie G, et al. Performance of houses during the Christchurch earthquake of 22 February 2011 [J]. Bulletin of the New Zealand Society for Earthquake Engineering, 2011, 44 (4): 342-357.

[8] 黄卫，王亚勇．汶川地震建筑震害启示录 [M]. 北京：地震出版社，2009.

[9] Cornell Chronicle Cornell University. Construction methods key to understanding Haiti damage [EB/OL](2010-02-03) [2024-04-13]. https://news. cornell. edu/stories/2010/02/professor-provides-haiti-building-assessment.

[10] Word Abandoned, Conza Della Campania-A Town Destroyed by an Earthquake [EB/OL]. [2024-04-13]. https: //www. worldabandoned. com/conza-della-campania.

[11] Singh Y, Lang D H, Narasimha D S. Seismic risk assessment in hilly areas: Case study of two cities in Indian Himalayas [C]. SECED 2015 Conference: Earthquake Risk and Engineering towards a Resilient World, Cambridge UK, 2015.

4 基于基本周期的建筑结构地震损伤评估方法

基本周期是建筑结构的三大动力特性之一，其值与结构的刚度、质量等物理量的大小和空间分布密切相关。建筑结构在地震作用下出现损伤的同时结构刚度会发生退化，进而引起结构基本周期变大。因此，可通过观测结构基本周期变化来评估建筑结构的地震损伤状态。本书研究重点之一是建立基于基本周期的建筑结构地震损伤评估方法。首先，以结构位移为主要变量，根据广义单自由度结构体系推导出适应钢筋混凝土框架结构变形形态和水平地震作用分布模式的基本周期计算公式。其次，参考钢筋混凝土结构力与位移关系曲线，结合基于层间位移角变化的建筑结构地震损伤评估标准，建立考虑周期变化的建筑结构地震损伤评估标准。然后，引用所建立的建筑结构基本周期计算公式和建筑结构地震损伤评估标准，构建基于基本周期的建筑结构地震损伤评估方法。最后，使用震害实例对所建立评估方法进行算例验证。

4.1 概　　况

根据结构动力学相关理论，结构自振周期与结构的刚度和质量密切相关，自振周期与结构刚度的平方根呈反比。而结构刚度退化是结构地震损伤的具体表现特征之一。因此，可通过观测建筑结构地震损伤前后自振周期的变化情况，尤其是结构基本周期的前后变化，间接评估地震作用对结构刚度的影响，建立基于结构动力特性的地震损伤评估方法。

建立基于动力特性的结构地震损伤评估方法时，须重点考虑两个方面。一是应建立既简单且物理意义明确，又相对准确的结构基本周期估算公式。二是应构建出结构基本周期与地震损伤之间的函数关系。针对上述两个方面，研究人员开展了研究，并取得了一定的研究成果。

Gilles 等基于 NBCC 规范等效静力法中的地震作用理论，针对结构总高度不同的建筑，分别采用经验公式和规范公式计算结构基本周期和结构底部设计剪力，经对比分析发现当使用经验公式计算基本周期时，会导致结构底部剪力最高被低估 3.5 倍。

Sofi 等重点研究了各国规范基本周期计算公式的力学原理和主要特点，并对砌体填充墙、混凝土或水泥砌块隔墙等对基本周期的影响机理和计算要求进行了深入分析。

Sangamnerkar 和 Dubey 通过对 36 栋具有不同底层尺寸和柱间距的 25 层钢筋混凝土框架结构进行数值仿真分析，重点研究了底层宽度、柱横截面尺寸和刚度对结构基本周期的影响，分析结果表明结构基本周期的增长比例与底层宽度增长比例呈正比。

Young 和 Adeli 设计出 12 栋不同高度、跨数和空间刚度分布的偏心悬臂钢框架结构，采用 ETABS 软件计算了不同结构的基本周期，并对比了 ASCE7-10 规范公式、瑞雷公式和 ETABS 结果之间的差异，给出不同类型偏心悬臂钢框架结构基本周期计算建议公式。

汪炽辉等完成了 414 栋高度超过 50 m 的高层、超高层钢筋混凝土结构和混合结构的数值仿真模拟，综合分析了结构基本周期的主要影响因素，拟合出高层建筑结构基本自振周期计算公式，并使用 15 个振动台试验数据、27 个脉动试验及风振实测数据以及中国规范计算公式进行算例验证，提出高层及超高层建筑基本周期计算公式和前三阶周期比例关系。

Jiang 等针对钢板剪力墙结构自振周期计算问题，基于文献统计出 90 栋钢板剪力墙基本周期数据，根据多自由度结构动力特性计算理论提出了新的计算公式，并使用振动台试验对所提出的公式进行了验证。

Mandanka 等针对印度抗震规范中剪力墙结构基本周期计算公式存在的不足，考虑结构不同平面维度上的刚度分布、结构高度、剪力墙尺寸等因素，选择 23 栋不规则剪力墙结构，采用 ETABS 软件计算了结构基本周期，并引入结构总高度、结构宽度、惯性矩等三个影响因子，拟合出新的刚度不规则钢筋混凝土剪力墙结构基本周期估算公式。

Abou-Elfath 和 Elhout 使用埃及规范设计出高度、设防烈度和弹性层间位移角不同的 48 栋钢筋混凝土框架结构和 36 栋钢框架结构，重点分析了结构刚度、高度分布变化时建筑基本周期的变化规律，认为抗弯框架结构基本周期对抗震设防烈度和层间位移角允许值密切相关。

对于基本周期与结构地震损伤之间的耦合关系，研究学者也开展了相关的研究。

Eleftheriadou 和 Karabinis 统计分析了 1999 年 Parnitha 5. 9 级地震中 164135 栋建筑震害数据，重点研究了基本周期范围与不同破坏等级建筑破坏比之间的关系。

Katsanos 和 Sextos 根据 300000 个非线性地震响应时程分析数据，运用弹塑性反应谱理论，对建筑结构在地震损伤状态下的周期延性率计算方法进行了研究，认为损伤结构的周期延性率受结构弹性周期值和结构刚度退化率影响明显。

Sarno 和 Amiri 将钢筋混凝土结构简化为非线性单自由度结构体系，考虑结构延性系数、刚度退化率等结构因素，使用 OpenSees 输入考虑主余震序列的地震动进行非线性时程分析，重点研究了结构破坏后周期延长比率与震中距、主余震 PGA 比值、场地类型、持时、弹性基本周期、延性系数、刚度退化率、累积损伤等因素之间的关系，最终给出周期延长比率的估算公式。

Gunawan 由结构动力学方程确定了结构破坏因子，使用高阶 Runge-Kutta 方法构建了结构破坏因子迭代计算方法，并应用单自由度和双自由度结构动力体系对结构破坏因子的敏感度评价进行了论证。

Gunawan 等应用 Euler-Bernoulli 梁理论构建了以结构自振周期为主导因素的结构损伤评估公式。

综上所述，在结构自振周期计算和基于周期变化的结构损伤评估方面已取得了一定的研究成果。但现有周期计算公式多以经验公式为主，大部分公式使用结构高度或层数直接估算结构基本周期。较少的自变量虽可提升公式使用的简便性，但也降低了公式对复杂多样结构基本周期计算的精确性，这对基于周期变化的结构损伤评估是不利的。同时，现有研究成果对结构损伤评估多集中在结构完全破坏后结构周期延长比率，而对于轻微破坏、中等破坏、严重破坏、毁坏等不同破坏等级所对应的自振周期区间的研究成果相对较少。本章针对现有研究工作存在的不足，使用结构动力学理论对广义单自由度体系进行力学分析，得到基于位移的结构基本周期估算公式，并利用结构损伤、结构位移反应、结构刚度退化、结构周期变化等物理量之间的直接耦合关系，建立不同破坏等级所对应的结构周期因子估计区间，最后使用震害实例对研究方法进行算例验证。

4.2 自振周期计算公式——换算质量法

建筑结构作为一个复杂的多自由度结构动力学体系，其动力特性随结构刚度、质量分布情况密切相关。对于质量和刚度分布较为均匀的建筑结构，在结构动力特性分析过程中可简化为广义单自由度体系。即假定建筑结构在地震作用、风荷载等外部荷载作用下，结构侧移呈单一变形形式，则在结构动力学意义上该结构只有一个自由度。对于广义单自由度体系，在计算自振周期过程中应首先确定该单自由度关联的广义质量 M_Z 和广义刚度 K_Z。

对于以弯曲型变形为主的高层建筑结构，其结构简图和相应的静载变形曲线分别见图 4-1。

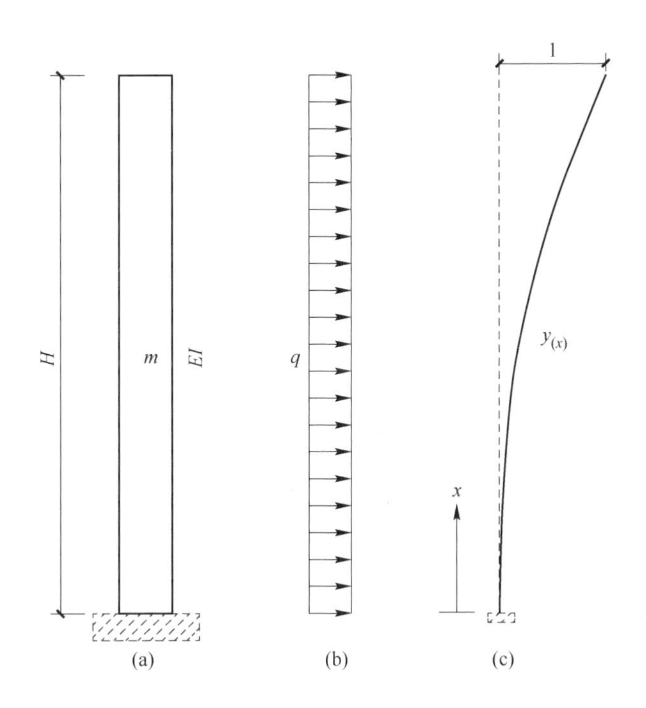

图 4-1　弯曲型变形结构在等效荷载作用下的水平侧移曲线

（a）结构简图；（b）均布荷载；（c）变形

图 4-1（b）所示均布水平荷载

$$y_{(x)} = \frac{qH^4}{8EI}\left[-\frac{1}{3} + \frac{4x}{3H} + \frac{1}{3}\left(1 - \frac{x}{H}\right)^4 \right] \tag{4-1}$$

根据边界条件 $y_{(H)} = 1$ 得 $q = \dfrac{8EI}{H^4}$，代入式（4-1）得

$$y_{(x)} = -\frac{1}{3} + \frac{4x}{3H} + \frac{1}{3}\left(1 - \frac{x}{H}\right)^4 \tag{4-2}$$

进而可得

$$M_Z = \int_0^H \overline{m} y^2(x)\,\mathrm{d}x = 0.257mH \tag{4-3}$$

$$K_Z = \int_0^H q y(x)\,\mathrm{d}x = 3.2\,\frac{EI}{H^3} \tag{4-4}$$

故可得结构基本自振周期 T_1 计算公式为

$$T_1 = 2\pi\sqrt{\frac{M_Z}{K_Z}} = 2\pi\sqrt{\frac{0.257mH^4}{3.2EI}} \tag{4-5}$$

令 $w = mg$ 且重力加速度 g 取值 9.8 m/s^2，且令$\dfrac{wH^4}{8EI} = \Delta_n$ 为均布荷载 w 作用

下结构顶点位移，则

$$T_1 = 2\pi\sqrt{\frac{0.257mH^4}{3.2EI}} = 2\pi\sqrt{\frac{0.257\times 8}{3.2g}} \times \sqrt{\frac{wH^4}{8EI}} = 1.607\sqrt{\Delta_n} \tag{4-6}$$

4.3　结构损伤评估理论假设

对于钢筋混凝土结构，在侧向水平荷载作用下其水平位移与外部荷载之间的曲线关系如图 4-2 所示。

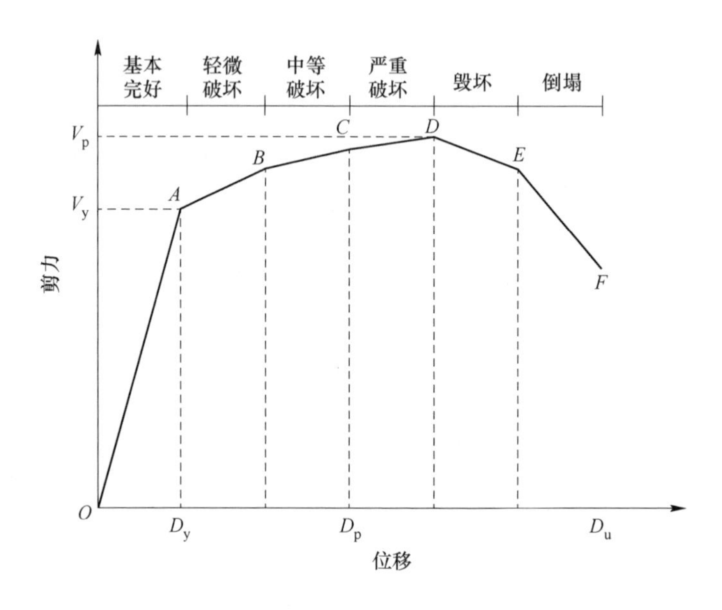

图 4-2　钢筋混凝土结构力-位移关系曲线

由图 4-2 可知，当结构在外部荷载作用下变形处于 *OA* 段时，认为结构刚度与弹性阶段初始刚度相等，结构破坏状态为基本完好。当处于 *AB* 段时，结构刚度开始退化，自振周期开始变长，结构破坏状态为轻微破坏。当处于 *BC* 段时，结构刚度进一步退化，自振周期继续变长，结构破坏状态为中等破坏。当处于 *CD* 段时，结构刚度持续退化，结构破坏状态为严重破坏。当处于 *DE* 段时，结构毁坏。当处于 *EF* 段时，结构倒塌。总之，刚度在不断退化过程中，结构位移反应和结构自振周期均在增大。

通常使用层间位移角的变化来衡量结构在水平荷载作用下的破坏状态。以钢筋混凝土框架结构为例，表 4-1 列出了常见的位移角与破坏状态之间的对应关系。

表 4-1 钢筋混凝土框架结构震损分级标准

来源	基本完好～轻微破坏	轻微破坏～中等破坏	中等破坏～严重破坏	严重破坏～倒塌
我国抗震规范	1/550	1/250	1/120	1/60
FEMA273	—	1/100	1/50	1/25
Vision 2000	1/500	1/200	1/67	1/40
ATC40	—	1/100	1/50	1/33
吕西林	1/500	1/300	1/150	1/50
黄悠越	1/250	1/200	1/83	1/62
门进杰	1/550	1/400	1/250	1/50

由于 FEMA273 与 ATC40 规范采用验算地震作用是一阶段设计方法，故对于弹性阶段结构变形未直接作出约束。韩小雷等通过对 80 个典型 RC 结构进行对比分析，认为 RC 结构弹性层间位移角限值应为 1/500。为便于分析，本章将 FEMA273 与 ATC40 规范所对应弹性层间位移角定为 1/500。

根据公式（4-1）可知，当结构处于弹性状态时，即假定结构在基本完好破坏状态下，自振周期 T_0 所对应的结构最大层间位移角约等于 $\delta_{e,n}=\dfrac{qH^3}{6EI}$，对应最大位移为 $\Delta_{e,n}=\dfrac{qH^4}{8EI}$，可以认为 $\delta_{e,n}=\dfrac{4}{3H}\Delta_{e,n}$。

定义 λ 为结构损伤因子，即

$$\lambda=\frac{\delta_x}{\delta_y}=\frac{\Delta_x}{\Delta_y} \tag{4-7}$$

按照公式确定结构的损伤状态，根据 λ 的数值，按照表 4-2 确定结构损伤状态。

表 4-2 结构损伤状态评定表

破坏状态 损伤因子 分类	弹性临界	轻微破坏	中等破坏	严重破坏	毁坏
我国抗震规范	1/550	$1\leqslant\lambda<2.2$	$2.2\leqslant\lambda<4.58$	$4.58\leqslant\lambda<9.17$	$\lambda\geqslant9.17$
FEMA273	1/500	$1\leqslant\lambda<5$	$5\leqslant\lambda<10$	$10\leqslant\lambda<20$	$\lambda\geqslant20$
Vision 2000	1/500	$1\leqslant\lambda<2.5$	$2.5\leqslant\lambda<7.46$	$7.46\leqslant\lambda<12.5$	$\lambda\geqslant12.5$

续表 4-2

破坏状态 损伤因子 分类	弹性临界	轻微破坏	中等破坏	严重破坏	毁坏
ATC40	1/500	$1 \leqslant \lambda < 5$	$5 \leqslant \lambda < 10$	$10 \leqslant \lambda < 15.15$	$\lambda \geqslant 15.15$
吕西林	1/500	$1 \leqslant \lambda < 1.667$	$1.667 \leqslant \lambda < 3.333$	$3.333 \leqslant \lambda < 10$	$\lambda \geqslant 10$
黄悠越	1/250	$1 \leqslant \lambda < 1.25$	$1.25 \leqslant \lambda < 3.01$	$3.01 \leqslant \lambda < 4.03$	$\lambda \geqslant 4.03$
门进杰	1/550	$1 \leqslant \lambda < 1.375$	$1.375 \leqslant \lambda < 2.2$	$2.2 \leqslant \lambda < 11$	$\lambda \geqslant 11$

由公式（4-6）可知，结构基本周期与在特定侧向水平荷载作用下的结构顶点位移相关，即

$$\Delta_n = (0.622 \times T)^2 \tag{4-8}$$

结构损伤因子 λ 可变换成下式：

$$\lambda = \frac{\Delta_x}{\Delta_y} = \frac{(T_1')^2}{(T_1)^2} \tag{4-9}$$

式中，T_1' 为损伤后结构基本周期。

结合表 4-2 中的相关限值，公式（4-9）可直接应用于结构损伤评估。

4.4 震害实例验证

1976 年 7 月 28 日中国唐山 7.8 级大地震发生后，天津市大部分地区地震烈度为Ⅷ度。位于天津市市区的天津医院住院部大楼、天津市友谊宾馆大楼均受到强烈地震作用。地震发生前后，布设于两栋大楼里的拾震器测得了震前和震后结构基本周期。两栋建筑基本情况、震害特征及基本周期变化情况见表 4-3。

表 4-3 天津市两栋建筑概况

序号	建筑	层数	高度/m	设防烈度/度	遭遇烈度/度	震害等级	震前基本周期/s	震后基本周期/s	λ
S1	天津医院住院部大楼 B 段	8	33.4	未设防	Ⅷ	轻微破坏	0.55	0.61	1.23
S2	天津市友谊宾馆东段	8	37.4	Ⅶ	Ⅷ	轻微破坏	0.5	0.85	2.89

续表 4-3

序号	建筑	层数	高度/m	设防烈度/度	遭遇烈度/度	震害等级	震前基本周期/s	震后基本周期/s	λ
S3	天津市友谊宾馆西段	11	47.3	Ⅶ	Ⅷ	轻微破坏	0.5	0.67	1.80

表4-3 中 λ 由式（4-9）计算而来。根据表 4-3 中 λ 计算结果和结构实际地震破坏等级，对比表 4-2，按照 FEMA273 和 ATC40 规范确定的结构损伤状态评定区间较为合理，且表 4-2 中的结构损伤状态评定标准基本符合实际震害表现。因此，本章所建立的基于结构基本周期的结构地震损伤评估方法具有较好的评估效果和较高的工程应用价值。

4.5 小　结

本章围绕基于基本周期的建筑结构地震损伤评估开展了研究，主要取得了以下研究成果。

（1）采用换算质量法，选择合适的振型函数和水平地震作用分布模式，建立基于定点位移计算的广义单自由度体系基本周期计算公式。

（2）根据钢筋混凝土结构力与位移关系曲线，以结构位移反应为中间变量，建立了结构基本周期与结构损伤因子之间的映射关系。

（3）结合基于层间位移角的建筑结构地震损伤评估标准，提出了建筑结构基本周期变化的建筑结构地震损伤评估准则。

（4）使用震害实例对所建立的建筑结构地震损伤评估方法进行了验证，结果表明所建立的评估方法具有较好的评估效果和较高的工程应用价值。

参 考 文 献

[1] Gilles D, Ghyslaine M, Chouinard L E. Uncertainty in fundamental period estimates leads to inaccurate design seismic loads [J]. Canadian Journal of Civil Engineering, 2011, 38 (8): 870-880.

[2] Sofi M, Hutchinson G L, Duffield C. Review of techniques for predicting the fundamental period of multi-storey buildings: Effects of nonstructural components [J]. International Journal of Structural Stability and Dynamics, 2015, 15 (2): 1450039.

[3] Sangamnerkar P, Dubey S K. Effect of base width and stiffness of the structure on period of vibration of RC framed buildings in seismic analysis [J]. Open Journal of Earthquake Research, 2015, 4 (2): 65-73.

[4] Young K, Adeli H. Fundamental period of irregular eccentrically braced tall steel frame structures [J]. Journal of Constructional Steel Research, 2016, 120: 199-205.

[5] 汪帜辉，易伟建，汪梦甫. 我国高层及超高层混凝土及混凝土-钢混合结构自振周期的统计分析 [J]. 建筑结构，2018，48（3）：85-89.

[6] Jiang R, Jiang L Q, Hu Y, et al. A simplified method for fundamental period prediction of steel frames with steel plate shear walls [J]. Structural Design of Tall & Special Buildings, 2020, 29 (7): 1-15.

[7] Mandanka H B, Patel S B, Mevada S V. Derivation of empirical formula of natural period for irregular building with shear wall [J]. SSRG International Journal of Civil Engineering, 2020, 7 (6): 48-53.

[8] Abou-Elfath H, Elhout E. Theoretical-period characteristics of frame buildings designed under variable levels of seismicity and allowable-drift [J]. Earthquake Engineering and Engineering Vibration, 2020, 19 (3): 669-681.

[9] Eleftheriadou A K, Karabinis A I. Correlation of structural seismic damage with fundamental period of RC buildings [J]. Open Journal of Civil Engineering, 2013, 3 (1): 45-67.

[10] Katsanos E I, Sextos A G. Inelastic spectra to predict period elongation of structures under earthquake loading [J]. Earthquake Engineering & Structural Dynamics. 2015, 44 (11): 1765-1782.

[11] Sarno L D, Amiri S. Period elongation of deteriorating structures under mainshock-aftershock sequences [J]. Engineering Structures, 2019, 196: 109341.

[12] Gunawan F E. The Sensitivity of the damage index of the general vibration method to damage level for structural health monitoring [J]. ICIC Express Letters, 2019, 13 (10): 931-939.

[13] Gunawan F E, Nhan T H, Asrol M, et al. A new damage index for structural health monitoring: A comparison of time and frequency domains [J]. Procedia Computer Science, 2021, 179: 930-935.

[14] Wuttke F, Lyu H, Sattari A S, et al. Wave based damage detection in solid structures using spatially asymmetric encoder-decoder network [J]. Scientific Reports, 2021, 11 (1): 20968.

[15] 中华人民共和国住房和城乡建设部，中华人民共和国国家质量监督检验检疫总局. 建筑抗震设计规范（附条文说明）（2016 年版）：GB 50011—2010 [S]. 北京：中国建筑工业出版社，2016.

[16] Daniel S, Christopher R, Lawrence D R, et al. NEHRP guidelines and commentary for the seismic rehabilitation of buildings [J]. Earthquake Spectra, 2000, 16 (1): 227-239.

[17] Peter F, Helmut K. Seismic Design Methodologies for the Next Generation of Codes [M]. London: Routledge, 1997.

[18] Applied Technology Council. Seismic evaluation and retrofit of concrete buildings [M]. California: Seismic Safety Commission, 1996.

[19] 吕西林，张杰，卢文胜. 钢-混凝土竖向混合框架结构抗震性能试验研究 [J]. 建筑结构学报，2011，32（9）：20-26.

[20] 韩小雷，张垒，杨光，等．地震作用下中美规范 RC 结构层间位移角限值的对比研究［J］．土木工程学报，2020，53（1）：31-38.
[21] 刘恢先．唐山大地震震害（共四册）［M］．北京：地震出版社，1986.

5 建筑结构竖向刚度分布设计方法

振型分解反应谱法和底部剪力法作为地震作用的拟静力分析方法，是当前各国抗震设计规范中采用的建筑结构抗震设计的主要计算方法。其中底部剪力法因具有计算过程简便、物理意义明确等特点，被广泛应用于多层及高层建筑结构。通常情况下，底部剪力法适用于结构总高度相对不大、结构质量和刚度沿高度分布比较均匀、平立面布置较为规则、以剪切型变形为主的建筑结构。各国规范所给出的底部剪力法计算公式和参数的规定各有不同，但底部剪力法基本理论均来自振型分解反应谱法。

Khose 等对 ASCE 7、Eurocode 8、NZS 1170.5 和 IS 1893 等结构抗震规范中的设计反应谱、结构反应缩减系数和最小设计底部剪力等内容进行了对比，认为各个规范在不同周期范围、不同延性特征结构底部剪力计算结果上存在显著差异。

Shrestha 通过建立 4 个模型，对比分析了 ASCE 7-10 规范中底部剪力法和反应谱分析法的差异性，认为与反应谱分析结果相比，底部剪力法得到的结果相对较为保守。

Caglar 等使用神经网络算法建立了一个更可靠、计算更快捷的框架结构底部剪力计算公式。

Touqan 等对底部剪力法和振型分解反应谱法进行了算例分析，当两种方法计算竖向刚度分布均匀的结构时，计算结果较为接近。底部剪力法对于空旷框架结构的计算结果较为保守，而对底部有软弱层的结构计算结果不保守。

Kumar 等采用印度规范 IS 1893 中的底部剪力法和反应谱法，计算并分析了一栋钢筋混凝土框架结构各层剪力的计算结果，认为底部剪力法计算结果相对保守，反应谱法计算得到的顶层剪力明显小于底部剪力法的结果。

Roy 等使用底部剪力法计算了错层式钢筋混凝土框架结构的水平地震作用，并与反应谱法对比可知底部剪力法可应用于错层式钢筋混凝土框架结构抗震设计，但结构周期经验公式需进行修正。

Hsiao 基于悬臂力臂分配法设计了一栋弯曲型变形结构，结合底部剪力法计算结构各层地震剪力，并建立了科学合理、计算简便的结构位移计算公式。

Khoshnoudian 等使用底部剪力法理论进行隔震结构的设计，结合时程动力分析方法，发现隔震结构水平地震作用分布模式不符合倒三角形假设，故对隔震结构底部剪力分布公式进行了修正。

Habibi 等针对规则和不规则钢筋混凝土框架结构，分别使用底部剪力法和反应谱法进行地震反应分析，研究表明底部剪力法计算所得结构位移反应小于反应谱法的结果。

Nagender 等针对钢筋混凝土剪力墙结构，通过对比时程分析法、底部剪力法、反应谱法的计算结果，建议低于 25 m 的对称建筑可以使用底部剪力法，更高的或不对称的建筑物宜使用反应谱法，特别重要的建筑应使用时程分析法。

目前我国现行 GB 50011—2010《建筑抗震设计规范》（2016 年版）（以下简称《抗规》）采用的底部剪力法，其前提条件是：结构所遭受的水平地震作用沿结构高度方向呈倒三角形分布，即假定结构在遭遇地震作用时结构位移反应以第一振型为主且第一阶振型呈倒三角形。但对于剪切型变形为主的结构来说，在水平地震作用下其变形曲线如图 5-1 所示。因此可知，现行规范所使用的底部剪力法在水平地震作用分布模式假定上与实际情况具有一定的出入。

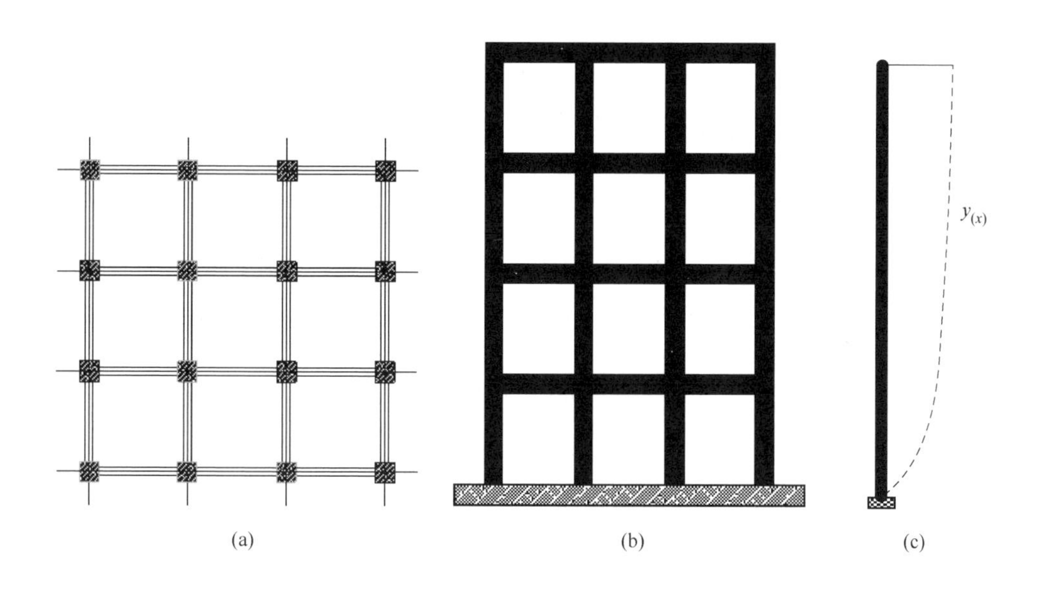

图 5-1　水平地震荷载作用下剪切型变形结构侧向位移曲线示意图

（a）平面图；（b）立面图；（c）变形示意图

基于底部剪力法的基本概念和反应谱理论，结合多层钢筋混凝土框架结构在水平地震作用下结构反应特征，建立出更符合工程实际的底部剪力法计算公式，并以工程实例计算的形式与规范底部剪力法和振型分解反应谱法进行对比分析。

5.1　底部剪力法理论概述

底部剪力法的本质是振型分解反应谱法的简化，其理论计算公式基本上是在振型分解反应谱法的基础上建立而来的。

根据振型分解反应谱法可知，在水平地震作用下，结构底部所承受的剪力为

$$F_{EK} = \sqrt{\sum_{j=1}^{n}\left(\sum_{i=1}^{n}\alpha_j\gamma_j X_{ji} G_i\right)^2} = \alpha_1 G\sqrt{\sum_{j=1}^{n}\left(\sum_{i=1}^{n}\frac{\alpha_j}{\alpha_1}\gamma_j X_{ji}\frac{G_i}{G}\right)^2} \tag{5-1}$$

式中，α_1 和 α_j 分别为结构第一阶振型和第 j 阶振型所对应的水平地震影响系数，其值按图 5-2 所示曲线确定；G_i 为集中于第 i 层质点的重力荷载代表值；G 为结构总重力荷载代表值；X_{ji} 为第 j 阶振型在第 i 层质点位置处的水平相对位移；γ_j 为第 j 阶振型参与系数，按式（5-2）计算：

$$\gamma_j = \frac{\sum_{i=1}^{n} G_i X_{ji}}{\sum_{i=1}^{n} G_i X_{ji}^2} \tag{5-2}$$

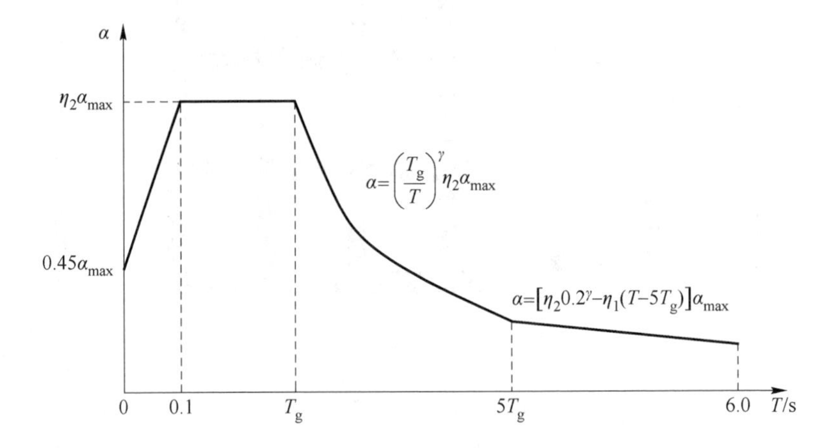

图 5-2　水平地震影响系数曲线

定义 c 为高阶振型效应等效系数，其计算公式为

$$c = \sqrt{\sum_{j=1}^{n}\left(\sum_{i=1}^{n}\frac{\alpha_j}{\alpha_1}\gamma_j X_{ij}\frac{G_i}{G}\right)^2} \tag{5-3}$$

《抗规》规定 c 取值为0.85，即 $F_{EK}=0.85\times\alpha_1\times G$。

当假设结构地震反应以第一振型为主且第一振型呈倒三角形时，结构除顶层之外各层水平地震作用标准值可按式（5-4）进行分配：

$$F_i=\frac{G_iH_i}{\sum_{j=1}^{n}G_jH_j}F_{EK}(1-\delta_n)\quad i=1,2,\cdots,n-1 \tag{5-4}$$

式中，H_i 为第 i 层楼（屋）面距地面的高度；δ_n 为考虑高阶振型的影响而引入的顶部附加地震作用系数。

结构顶层水平地震作用标准值计算公式为

$$F_n=\frac{G_nH_n}{\sum_{j=1}^{n}G_jH_j}F_{EK}(1-\delta_n)+\delta_nF_{EK} \tag{5-5}$$

当建筑顶部有突出屋面的小建筑存在时，为考虑鞭端效应对建筑的影响，按照式（5-4）计算得到的突出屋面小建筑水平地震作用标准值应考虑3倍的放大效应，且此放大部分只施加在与突出屋面小建筑直接相关联的构件上。

按照式（5-1）计算得到的结构底部剪力，经式（5-4）和式（5-5）进行各层总剪力分配计算，将各层总剪力除以根据分层法或反弯点法计算得到各层抗侧移刚度后，则可得到结构各层的水平位移计算公式：

$$\Delta=\frac{V_i}{D_i}\quad i=1,2,\cdots,n \tag{5-6}$$

式中，D_i 为使用 D 值法计算得到的第 i 层侧移刚度。

而在振型分解反应谱法中，剪力、位移等结构反应均采用SRSS或CQC等组合方式计算得到。

5.2 抗规底部剪力法与振型分解反应谱法对比

为研究《抗规》中底部剪力法与振型分解反应谱法在计算结构地震响应时的差异性，选择如图5-3所示的建筑结构类型，设计出6栋层数、平立面尺寸不同的结构，分别采用《抗规》中底部剪力法和振型分解反应谱法计算水平地震作用和结构水平位移，并进行对比分析。所得6栋结构的平面尺寸、质量、刚度、高度分布情况见表5-1。

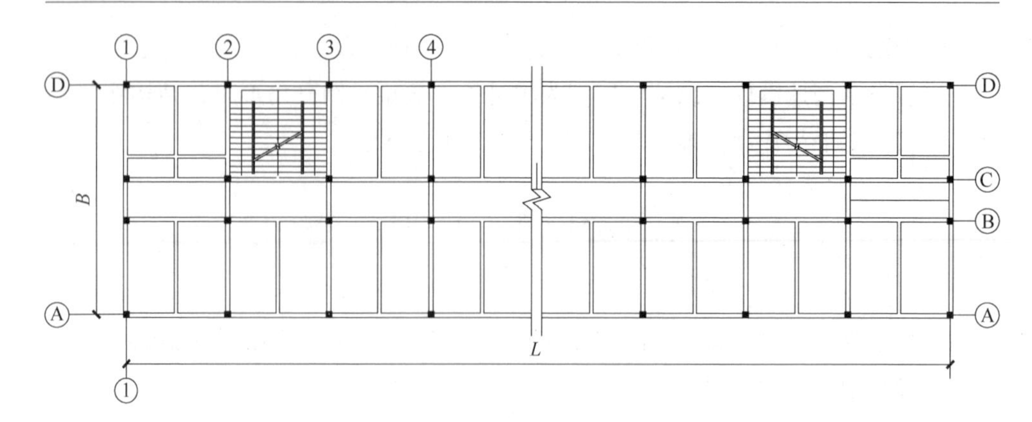

图 5-3　对称的建筑结构平面布置示意图

表 5-1　6 栋建筑结构基本参数信息表

序号	总长度 L	总宽度 B	计 算 简 图
S1	5.7 m×9	6.6 m×2+2.4 m	21.2 m G_5=9654.86 kN k_5=764370 kN/m 17.3 m G_4=10508.8 kN k_4=764370 kN/m 13.4 m G_3=10508.8 kN k_3=764370 kN/m 9.5 m G_2=10508.8 kN k_2=764370 kN/m 5.6 m G_1=10968.6 kN k_1=479270 kN/m
S2	5.4 m×9	6.6 m×2+2.4 m	21.1 m G_5=6722.65 kN k_5=637380 kN/m 17.2 m G_4=8664.73 kN k_4=637380 kN/m 13.3 m G_3=8664.73 kN k_3=637380 kN/m 9.4 m G_2=8664.73 kN k_2=637380 kN/m 5.5 m G_1=9227.99 kN k_1=451308 kN/m

续表 5-1

序号	总长度 L	总宽度 B	计算简图
S3	4.5 m×14	7.2 m×2+3 m	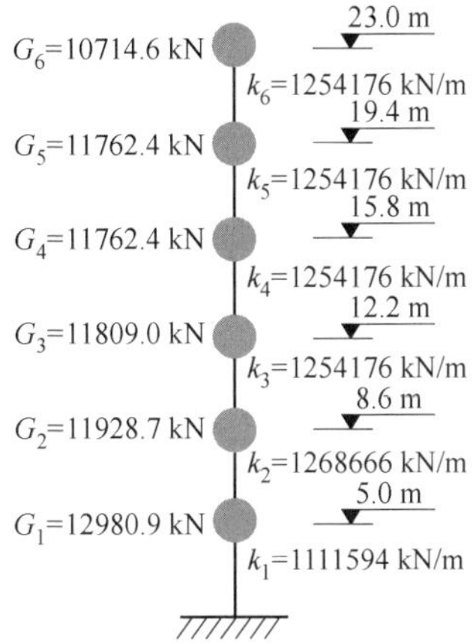 23.0 m G_6=10714.6 kN k_6=1254176 kN/m 19.4 m G_5=11762.4 kN k_5=1254176 kN/m 15.8 m G_4=11762.4 kN k_4=1254176 kN/m 12.2 m G_3=11809.0 kN k_3=1254176 kN/m 8.6 m G_2=11928.7 kN k_2=1268666 kN/m 5.0 m G_1=12980.9 kN k_1=1111594 kN/m
S4	6.3 m×8	5.7 m×2+2.1 m	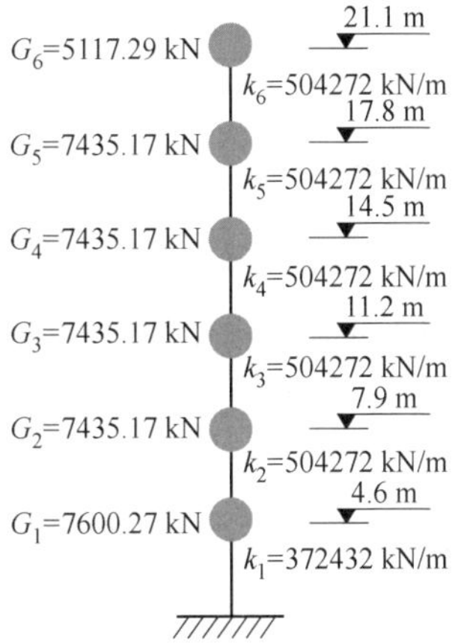 21.1 m G_6=5117.29 kN k_6=504272 kN/m 17.8 m G_5=7435.17 kN k_5=504272 kN/m 14.5 m G_4=7435.17 kN k_4=504272 kN/m 11.2 m G_3=7435.17 kN k_3=504272 kN/m 7.9 m G_2=7435.17 kN k_2=504272 kN/m 4.6 m G_1=7600.27 kN k_1=372432 kN/m
S5	7.2 m×7	6.0 m×2+2.4 m	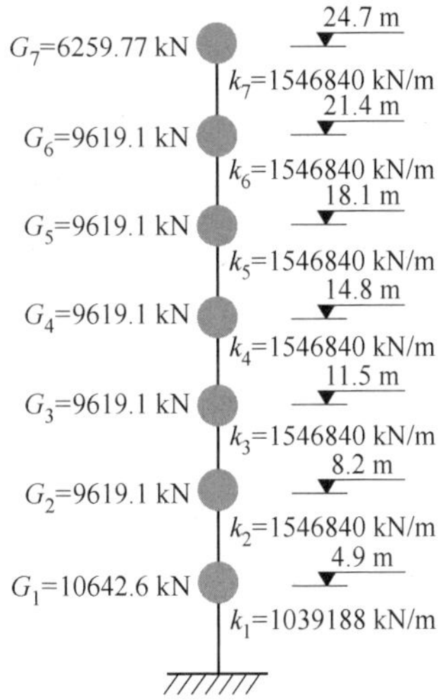 24.7 m G_7=6259.77 kN k_7=1546840 kN/m 21.4 m G_6=9619.1 kN k_6=1546840 kN/m 18.1 m G_5=9619.1 kN k_5=1546840 kN/m 14.8 m G_4=9619.1 kN k_4=1546840 kN/m 11.5 m G_3=9619.1 kN k_3=1546840 kN/m 8.2 m G_2=9619.1 kN k_2=1546840 kN/m 4.9 m G_1=10642.6 kN k_1=1039188 kN/m

续表 5-1

序号	总长度 L	总宽度 B	计 算 简 图
S6	7.5 m×7	5.4 m×2+2.4 m	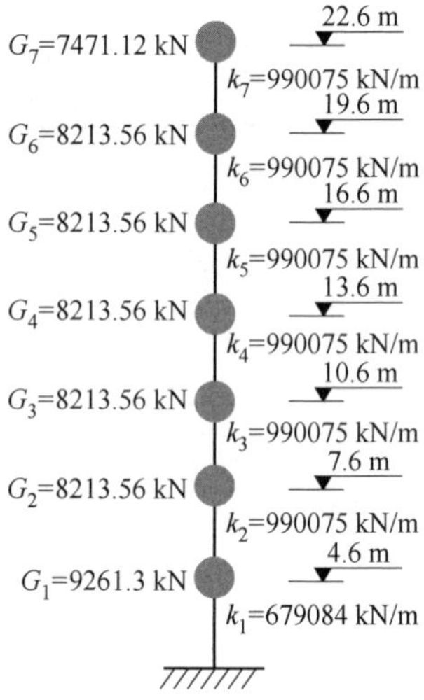 G_7=7471.12 kN　22.6 m k_7=990075 kN/m G_6=8213.56 kN　19.6 m k_6=990075 kN/m G_5=8213.56 kN　16.6 m k_5=990075 kN/m G_4=8213.56 kN　13.6 m k_4=990075 kN/m G_3=8213.56 kN　10.6 m k_3=990075 kN/m G_2=8213.56 kN　7.6 m k_2=990075 kN/m G_1=9261.3 kN　4.6 m k_1=679084 kN/m

设定图 5-3 所示结构抗震设防烈度为Ⅶ度，设计基本地震加速度为 0.1g，场地类别为Ⅱ类，地震设计分组为第二组，则小震水准下水平地震影响系数最大值 $\alpha_{\max}=0.08$，特征周期 $T_g=0.35$ s。计算可得 6 栋结构的各层剪力和水平位移，如图 5-4 和图 5-5 所示。图 5-4 和图 5-5 中，ELF 为底部剪力法，RS 为振型分解反应谱法。

由图 5-4（a）可知，当层数较小时反应谱法所得剪力稍大于底部剪力法，但当层数较大时反应谱法所得剪力结果稍小于底部剪力法。导致这一现象的主要原因是，规范底部剪力法在考虑高阶振型对水平剪力分布影响时引入了参数 δ_n，导致结构顶部剪力增大且底部剪力减小。

由图 5-4（b）可知，反应谱法所得水平位移计算结果均小于规范底部剪力法。导致这一结果的主要原因是，规范底部剪力法仅对水平剪力进行了等效，但未对结构侧移刚度进行等效，从而导致结构水平位移计算结果与实际情况不符。

综上所述，应对底部剪力法计算公式修正。

（1）一般情况下，根据上述方法计算得到的结构水平位移呈现如图 5-1（c）所示的变形形态。如果结构质量和刚度均匀分布，根据式（5-6）推导可知，结构在水平地震作用下的剪力分布模式不符合倒三角形的假设，因此水平剪力不宜按照倒三角形分布原则进行分配。

（2）高阶振型参与系数 c 应随结构特征参数变化而变化，不应对所有钢筋混

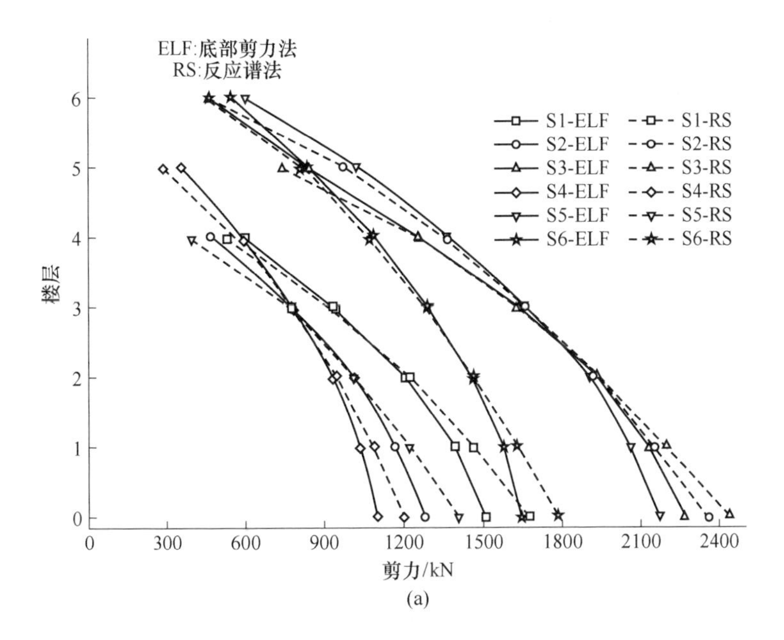

(a)

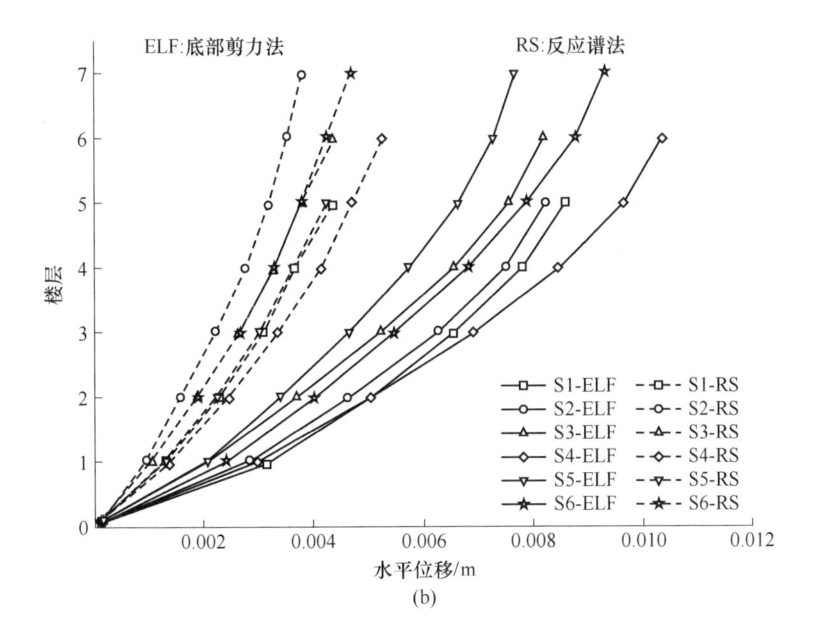

(b)

图 5-4 采用规范底部剪力法与反应谱法的计算结果

(a) 结构水平剪力；(b) 结构水平位移

凝土结构均取值为 0.85。

（3）底部剪力法应对结构侧移刚度进行等效。

由此提出考虑振型模式修正的底部剪力法计算公式。

对于如图 5-1(c) 所示的剪切型变形结构，其第一阶主振型曲线可用式(5-7)计算：

$$X_{1i}=\frac{H_i^{\theta}}{H^{\theta}}\quad i=1,2,\cdots,n \tag{5-7}$$

式中，θ 为楼层高度修正系数，当基本周期小于等于 0.5 s 时取为 1，基本周期大于等于 2.5 s 时取为 2，基本周期介于 0.5 s 至 2.5 s 时线性插值；H 为结构总高度。

根据图 5-4 的反应谱法计算结果，可拟合得到高阶振型效应等效系数 c 的计算公式，见式（5-8）。

$$c=\frac{100}{7\times(4\times n+50)}+0.732 \tag{5-8}$$

参数 c 的拟合结果与样本的相关系数 R 为 0.73。

则修正之后的结构底部剪力计算公式为

$$F'_{EK}=\left[\frac{100}{7\times(4\times n+50)}+0.732\right]\times\alpha_1 G \tag{5-9}$$

考虑振型效应修正后，剪切型变形结构的各层水平地震作用标准值计算公式为：

$$F'_i=\frac{H_i^{\theta}G_i}{\sum_{i=1}^{n}\left[H_i^{\theta}G_i\right]}F'_{EK}\quad i=1,2,\cdots,n \tag{5-10}$$

由式（5-10）可直接得到结构复合振型影响下的各层水平地震剪力，不需要额外考虑高阶振型对水平地震剪力分配的影响。

按照图 5-5 的反应谱法计算结果，可拟合得到结构水平位移计算公式。式（5-11）的拟合结果与样本的相关系数 R 为 0.999。

$$\Delta'_i=\frac{V_i}{\varepsilon\times D_i}\quad i=1,2,\cdots,n \tag{5-11}$$

式中，ε 为结构刚度修正系数，当 $i=n$ 时，$\varepsilon=1$，其他情况下按式（5-12）计算。

$$\varepsilon=\frac{h_i+h_{i+1}}{h_{i+1}}\quad i=1,2,\cdots,n \tag{5-12}$$

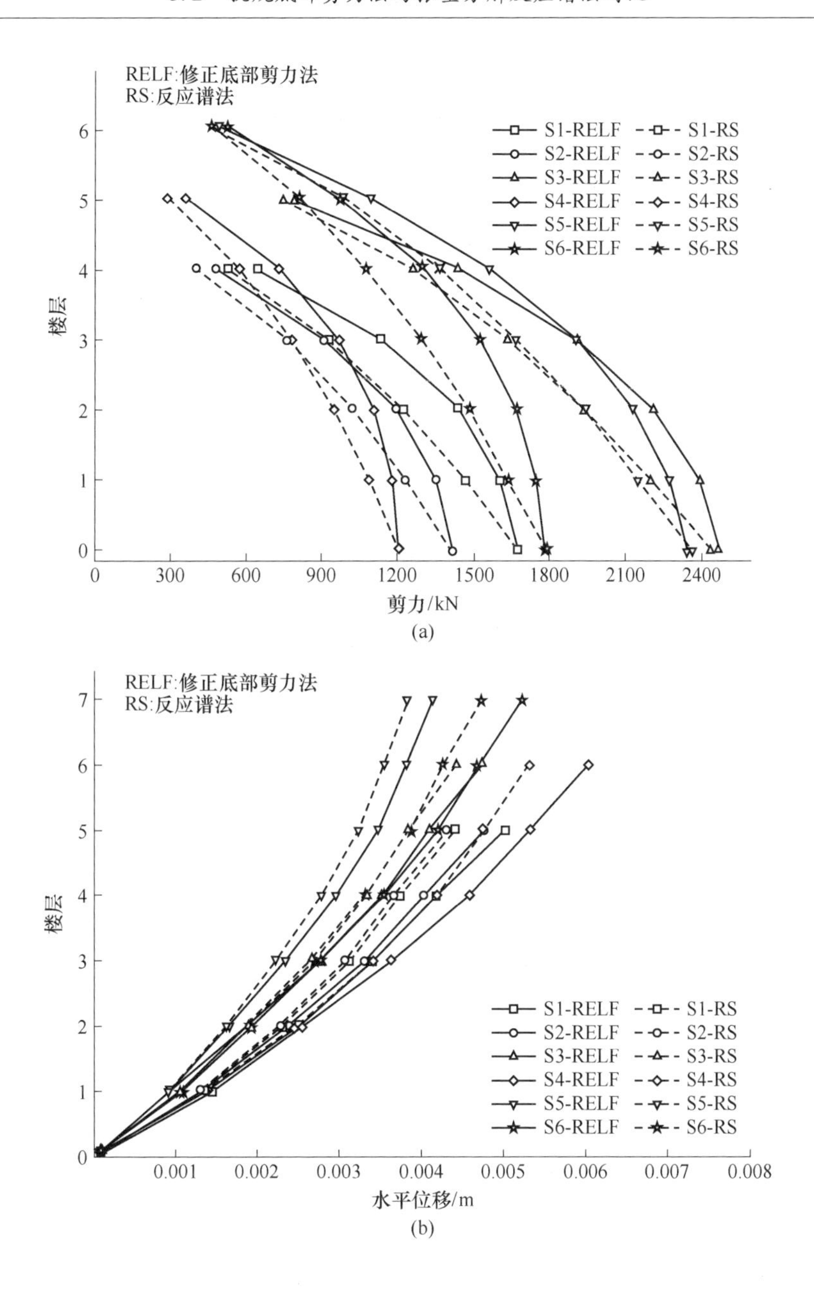

图 5-5 采用修正底部剪力法与反应谱法的计算结果

（a）结构水平剪力；（b）结构水平位移

由图 5-5（a）和（b）可知，修正底部剪力法和反应谱法算得的结构水平剪力之间的相关系数 R 为 0.990，结构水平位移相关系数 R 为 0.999。结果表明本章所建立的修正底部剪力法与反应谱法具有较高的相似性。

5.3 算例验证

选择一栋9层的建筑，其结构动力学参数如图5-6所示，分别采用规范底部剪力法、修正底部剪力法、反应谱法三种方法计算结构各层水平地震剪力和水平位移，计算结果见图5-7。

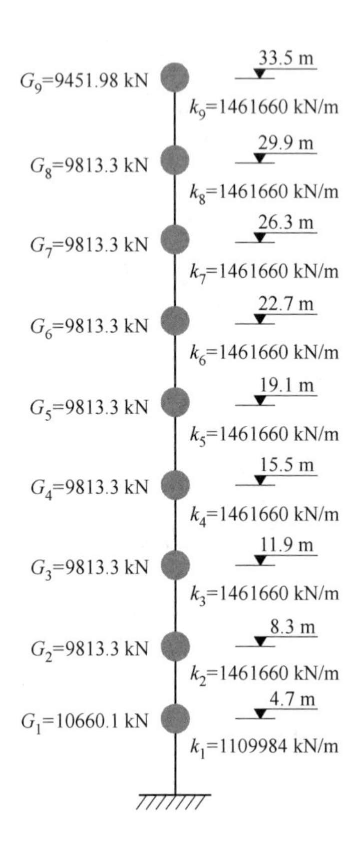

图5-6　结构动力学参数简图

由图5-7可知，与反应谱法计算结果相比，规范底部剪力法计算得到的各楼层剪力存在低楼层偏小而高楼层偏大的现象。同时，规范底部剪力法计算得到的各层水平位移均较大。修正底部剪力法计算得到的各楼层剪力均比规范底部剪力法和反应谱法计算结果要保守。同时，修正底部剪力法计算得到的位移结果稍大于反应谱法，但小于规范底部剪力法计算结果。综上可得，所建立的修正底部剪力法具有较高的工程应用价值。

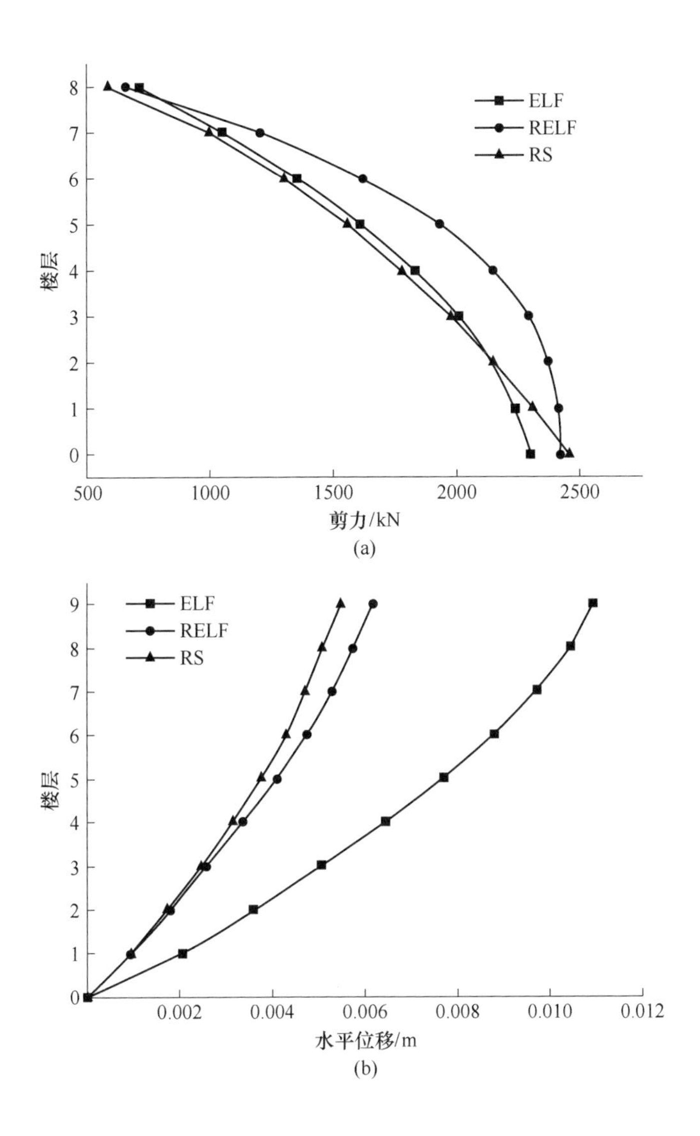

图 5-7　三种方法计算结果

(a) 结构水平剪力；(b) 结构水平位移

5.4 小　　结

围绕中国规范底部剪力法的计算效果问题，建立了修正底部剪力法，得到了以下研究成果和结论。

(1) 针对 6 栋典型钢筋混凝土框架结构，通过对比规范底部剪力法和反应谱法发现，规范底部剪力法计算得到结构底层剪力偏小、顶层剪力偏大，且结构各层水平位移均偏大。

（2）规范底部剪力法针对所有结构均规定高阶振型参与系数 c 取为 0.85，这一规定与实际情况不符。

（3）规范底部剪力法通过参数 c 只考虑了结构总质量等效，但在计算结构水平位移过程中没有考虑刚度等效，从而致使结构水平位移结果偏大。

（4）通过 6 栋典型钢筋混凝土框架结构进行对比分析，建立了修正底部剪力法。并采用 1 栋 9 层钢筋混凝土框架结构对所建立的修正底部剪力法进行了实例验证，结果表明所建立的修正底部剪力法在剪力和位移计算结果与振型分解反应谱法较为接近，具有较高的工程应用价值。

参考文献

[1] Khose V N, Singh Y, Lang D H. A comparative study of design base shear for RC buildings in selected seismic design codes [J]. Earthquake Spectra, 2012, 28 (3): 1047-1070.

[2] Shrestha S. A comparative study of equivalent lateral force method and response spectrum analysis in seismic design of structural frames [D]. Southern Illinois University at Carbondale, 2019.

[3] Caglar N, Pala M, Elmas M, et al. A new approach to determine the base shear of steel frame structures [J]. Journal of Constructional Steel Research, 2009, 65 (1): 188-195.

[4] Touqan A R, Helou S H. A scrutiny of the equivalent static lateral load method of design for multistory masonry structures [J]. AIP Conference Proceedings, 2008, 1020 (1): 1151-1158.

[5] Kumar N, Kushwaha D, Sinha R. Earthquake resistant design & comparison of (G+7) OMRF Building at Meerut by using equivalent lateral force & response spectrum method [J]. International Journal for Research in Applied Science and Engineering Technology, 2018, 6 (7): 456-462.

[6] Roy R, Mahato S. Equivalent lateral force method for buildings with setback: adequacy in elastic range [J]. Earthquakes and Structures, 2013, 4 (6): 685-710.

[7] Hsiao J K. Equivalent lateral force procedure for the seismic story drift design of tall frames using a hand-calculated approach [J]. The Structural Design of Tall and Special Buildings, 2006, 15 (2): 197-219.

[8] Khoshnoudian F, Mehrparvar B. Evaluation of IBC equivalent static procedure for base shear distribution of seismic isolated structures [J]. Journal of Earthquake Engineering, 2008, 12 (5): 681-703.

[9] Habibi A, Vahed M, Asadi K. Evaluation of seismic performance of RC setback frames [J]. Structural Engineering and Mechanics, 2018, 66 (5): 609-619.

[10] Nagender T, Parulekar Y M, Rao G A. Performance evaluation and hysteretic modeling of low rise reinforced concrete shear walls [J]. Earthquakes and Structures, 2019, 16 (1): 41-54.

[11] Rahgozar N, Rahgozar N. Proposal of lateral forces for capacity design of controlled rocking steel cores considering higher mode effects [J]. Structures, 2021, 30: 1086-1096.

[12] Arvindreddy, Fernandes R J. Seismic analysis of RC regular and irregular frame structures [J]. International Research Journal of Engineering and Technology, 2015, 2 (5): 44-47.

[13] Mohan R, Prabha C. Dynamic analysis of RCC buildings with shear wall [J]. International Journal of Earth Sciences and Engineering, 2011, 4 (6): 659-662.

[14] 中华人民共和国住房和城乡建设部，中华人民共和国国家质量监督检验检疫总局. 建筑抗震设计规范（附条文说明）（2016 年版）: GB 50011—2010 [S]. 北京：中国建筑工业出版社，2016.

[15] Craig D C, Richard W N, Sigmund A F, et al. Seismic evaluation and retrofit of concrete buildings: A practical overview of the ATC 40 document [J]. Earthquake Spectra, 2000, 16 (1): 241-261.

6 山地建筑地震易损性时空分布特征

钢筋混凝土框架结构的地震破坏状态与结构平立面尺寸、混凝土强度、地形地貌、场地条件、设防烈度、规范设计方法等因素密切相关，且龄期对混凝土强度影响明显。为建立科学合理的山地城镇钢筋混凝土框架结构震害预测模型，根据弹塑性体系设计反应谱理论，重点关注结构平立面刚度突变情况、山地地形地貌因素、施工质量、混凝土龄期等因素，并考虑结构平立面尺寸、场地条件、抗震设防烈度等参数，构建了基于延性率的结构震害预测公式。采用2010年中国玉树地震震害实例对所建立的震害预测模型进行验证，结果表明所建立的震害预测模型具有较高的准确度。

6.1 山地建筑震害预测需求分析

由于建造年代、结构服役时长、抗震规范变迁等“时间”维度因素对建筑物震害特征影响较大，但现有研究成果多集中在建筑物构件或结构整体抗震设计、隔震设计等结构设计问题以及地震动输入、地震抗倒塌能力分析、增量动力分析、静力弹塑性分析和地震易损性分析等结构地震反应分析问题，而考虑“时间”维度的建筑地震易损性分析的研究成果较少。

6.2 震害预测模型建立

Vidic 以及 Newmark 和 Hall 等根据弹塑性体系设计反应谱理论，建立了结构屈服强度折减系数、延性系数与结构自振周期之间的关系（$R_y-\mu-T$）。尹之潜在 $R_y-\mu-T$ 关系基础之上建立了震害预测模型。

在建立考虑“时空分布”的山地城镇钢筋混凝土框架结构震害预测方法过程中，重点考虑不同时期抗震设计规范对结构抗力计算的影响、混凝土龄期对材料强度的影响、结构刚度变化情况、施工质量情况等多个因素。所得震害预测公式为：

$$\mu=\mu_s(1+c_1+c_2+c_3+c_4) \tag{6-1}$$

式中，c_1 为结构立面刚度突变情况修正系数，立面刚度规则取为0，否则为0.2；c_2 为结构平面刚度规则情况修正系数，平面刚度规则取为0，否则取为0.2；c_3

为场地地形地势情况修正系数，平坡地取为0，缓坡地取为0.1，中坡地取为0.2，陡坡地取为0.4，急坡地取为0.6；c_4 为结构质量缺陷情况修正系数，无明显重大缺陷取0，否则取0.2。

对于地形条件，根据场地坡度的大小按照表6-1确定。

表6-1　地形条件按坡度分类

地形	平坡地	缓坡地	中坡地	陡坡地	急坡地
坡度/(°)	<5	5~10	10~25	25~45	>45

延性率 μ_s 按式（6-2）确定。

$$\mu_s = \begin{cases} (R-1)\dfrac{0.7}{T}+1 & 当\ T \leqslant T_g \\ R & 当\ T > T_g \end{cases} \tag{6-2}$$

式中，R 为修正后的结构强度系数，按式（6-3）计算；T 为结构基本周期，按式（6-4）计算；T_g 为场地特征周期，查GB 50011—2010《建筑抗震设计规范》（2016年版）确定。

$$R = \frac{\alpha}{\eta \alpha_y} \tag{6-3}$$

式中，α 为预期地震作用下弹性结构的最大加速度反应，单位为g，按规范（GB 50011—2010）计算；α_y 为结构屈服加速度值，按式（6-5）确定；η 为龄期修正系数，按式（6-6）计算。

$$T = 0.25 + 0.53 \times 10^{-3} \frac{H^2}{\sqrt[3]{B}} \tag{6-4}$$

式中，H 为结构总高度；B 为结构总宽度，m。

$$\begin{gathered} \alpha_y = \lambda \alpha_D \\ \lambda = \begin{cases} \gamma_E \gamma_g \gamma_d & 1989年、2001年、2010年 \\ C_s \gamma_d & 1974年、1978年 \end{cases} \end{gathered} \tag{6-5}$$

式中，γ_E 为地震作用分项系数；γ_g 为重力荷载分项系数；γ_d 为混凝土材料强度标准值与设计值之比；α_D 为设防烈度所对应的小震水准下谱加速度，单位为g。

$$\eta = \begin{cases} e^{0.25\left(1-\frac{1}{\sqrt{13.036t}}\right)} & 当\ t \leqslant 12 \\ 1.4077 - 0.0121t & 当\ t > 12 \end{cases} \tag{6-6}$$

式中，t 为龄期，年。

针对不同时期抗震设计规范，参数 λ 计算结果如表6-2所示。

表 6-2　不同规范 λ 数值

规范年份	1974	1978	1989	2001	2010
λ	1.54	1.54	2.184	2.184	2.184

根据式（6-1）计算得到的结构延性率 μ，可按表 6-3 确定结构破坏状态。

表 6-3　钢筋混凝土框架结构延性率 μ 与破坏状态的对应关系

基本周期	破坏状态				
	基本完好	轻微破坏	中等破坏	严重破坏	毁坏
$T \leqslant T_g$	(0, 1.85]	(1.85, 4.0]	(4.0, 6.5]	(6.5, 10.5]	(10.5, +∞)
$T > T_g$	(0, 1.8]	(1.8, 3.85]	(3.85, 6.0]	(6.0, 11.0]	(11.0, +∞)

6.3　算例验证

2010 年 4 月 14 日中国青海省玉树 7.1 级地震发生之后，当地烟草公司办公楼发生破坏，震后结构如图 6-1 所示。

图 6-1　烟草公司办公楼震害状态

图 6-1 所示钢筋混凝土框架结构建成于 2009 年，设防烈度为Ⅶ度（PGA = 0.15g），场地类别为Ⅱ类场地，设计地震分组为第一组，建筑场地地形属缓坡。该建筑共 5 层，结构总高度 H = 19.2 m，结构总宽度 B = 17.4，立面刚度不规则，混凝土粗骨料粒径过大，部分混凝土构件施工质量欠佳。玉树地震发生后，该结构处于Ⅸ度地震烈度区，地震造成底层若干柱顶出现剪切裂缝，且 1 ~ 3 层填充墙发生不同程度开裂破坏。震害调查结果表明该结构地震破坏等级为中等破坏。

按照式（6-1）对图 6-1 所示结构进行震害评估，算得 μ = 4.3，根据表 6-3 查得结构破坏等级为中等破坏。震害预测结果与实际震害情况相符。

6.4 小　结

根据弹塑性体系设计反应谱理论，结合山地城镇建筑结构地形地貌特征的“空间因素”以及抗震设计规范变迁、混凝土材料龄期对强度影响等“时间因素”，建立了考虑“时空分布”的山地城镇钢筋混凝土框架结构震害预测模型。研究结论总结如下：

（1）基于弹塑性体系设计反应谱理论，考虑结构平立面尺寸、场地条件、设防烈度、规范设计方法等因素，引入延性率概念，建立了震害预测方法。

（2）引入山地城镇地形地貌特征这一空间要素，结合抗震设计规范变迁、混凝土强度随龄期变化等“时间因素”，完善了山地城镇钢筋混凝土框架结构震害预测公式。

（3）使用 2010 年中国青海玉树 7.1 级地震震害实例验证所建立的震害预测方法，结果表明所建立的震害预测方法的计算结果与实际情况相符。

研究成果可为山地城镇钢筋混凝土结构震害预测工作提供理论参考。

参 考 文 献

[1] 尹之潜. 现有建筑抗震能力评估［J］. 地震工程与工程振动，2010，30（1）：36-45.
[2] 孙景江，李山有，戴君武，等. 青海玉树 7.1 级地震震害［M］. 北京：地震出版社，2016.

7 考虑“时-空分布”的山地钢筋混凝土结构地震安全评估

山地地形对建筑结构抗震存在不利影响。为建立考虑山地地形影响的建筑结构震害预测方法，本章首先确定了不同类型山地地形地震动放大系数，然后在普通结构震害预测方法基础之上提出了考虑山地地形因素的震害预测方法，最后采用震害实例对所提出的震害预测方法进行算例验证。本章相关研究成果可为山地城镇开展建筑结构震害预测或地震易损性分析等工作提供理论参考。

山地城市所处场地属于局部突出地形，易发生地震动放大效应，会对结构抗震产生不利影响。国内外震害表明，山地城市建筑物在强烈地震动作用下的震害相对较为严重，且山地建筑一旦发生地震破坏之后，其震后直接经济损失要比平原地区建筑地震直接经济损失要高。引起山地城市建筑物地震灾害直接经济损失较高的主要原因有：因结构平立面形状存在不规则性，导致山地建筑地震易损性较高；因工程实施技术难度较大，导致山地建筑的建设成本比普通建筑高出约15%~30%；山地城市建筑物震后修复难度较大。地震易损性是决定山地建筑震害表现和灾害损失的核心因素。

地震灾害易损性分析是指某一个地区工程结构在遭受潜在地震作用下，发生某种破坏程度的概率或可能性，也可被称为震害预测。震害预测的核心工作是：定量分析各类建筑结构的抗震能力差异性、评估建筑在遭遇罕遇或极罕遇地震作用下的抗倒塌能力、在震前和震后快速评估建筑群的整体地震震害情况。目前，我国通用的建筑结构震害预测理论方法和计算公式是建立在唐山地震、海城地震、通海地震、汶川地震等地震震害资料分析的基础之上，所提出的震害预测方法在建立过程中并没有专门考虑山地建筑结构特征，从而导致现有的震害预测计算公式不能适用于山地建筑结构的震害预测工作。

鉴于山地建筑量大面广的存在，且地震危险性相对最高，因此有必要考虑山地地形因素，以钢筋混凝土框架结构为主要研究对象，重点开展山地建筑结构的震害预测方法的研究。

7.1 局部地形对建筑物震害影响

局部地形对建筑结构震害的影响已在 1.2.1 节中进行了详细论述。

为便于区分不同山地地形对地震动放大效应的影响，将山地地形按坡度分为平坡地、缓坡地、中坡地、陡坡地和急坡地 5 个等级。同时参考规范（GB 50011—2010）相关规定，细分了各类山地地形的地震动放大效应。各类地形的坡度条件及其地震动放大系数见表 7-1。

表 7-1 地形与坡度、地震动放大系数对应表

地形	平坡地	缓坡地	中坡地	陡坡地	急坡地
坡度/(°)	<5	5~10	10~25	25~45	>45
放大系数	1	1.1	1.2	1.4	1.6

7.2 震害预测方法

按照方法原理的不同，震害预测方法可分为经验法、解析法和两者结合的方法。本章提出经验法和解析法相结合的震害预测方法开展山地建筑结构震害预测。

结构延性率 μ_s 的计算公式为

$$\mu_s = \begin{cases} (E-1)\dfrac{0.7}{T}+1 & \text{当 } T \leqslant 0.7\ \text{s} \\ E & \text{当 } T > 0.7\ \text{s} \end{cases} \tag{7-1}$$

式中，E 为作用于弹性结构的加速度与结构屈服加速度之比，按式（7-2）计算；T 为结构基本周期，按式（7-3）计算。

$$E = \frac{\alpha}{\alpha_y} \tag{7-2}$$

式中，α 为预期地震作用下弹性结构的最大加速度反应，单位为 g，按 GB 50011—2010 计算；α_y 为结构屈服加速度，查表 7-2 确定。

表 7-2 钢筋混凝土框架结构屈服加速度 (g)

基本周期	建造年代			
	(1974，1979]	(1979，1990]	(1990，2002]	2002 至今
$T \leqslant 0.7$ s	$0.53k$	$0.58k$	$1.14k$	$1.31k$
$T > 0.7$ s	$0.33k$	$0.37k$	$0.76k$	$0.87k$

注：k 为地震系数，按表 7-3 取值。

表 7-3　地震系数 k

基本烈度/度	Ⅵ	Ⅶ		Ⅷ		Ⅸ	Ⅹ
k	0.05	0.1	0.15	0.2	0.3	0.4	0.8

$$T = 0.075h^{3/4} \tag{7-3}$$

式中，h 为结构总高度，m。

考虑地形和结构刚度不均匀分布对山地建筑地震反应的不利影响，应按照式（7-4）对式（7-1）所得结构延性率 μ_s 进行修正。

$$\mu = \mu_s(1 + c_1 + c_2 + c_3 + c_4) \tag{7-4}$$

式中，c_1 为结构立面刚度突变情况修正系数，立面刚度规则取为 0，否则为 0.2；c_2 为结构平面刚度规则情况修正系数，平面刚度规则取为 0，否则取为 0.2；c_3 为场地地形地势情况修正系数，平坡地取为 0，缓坡地取为 0.1，中坡地取为 0.2，陡坡地取为 0.4，急坡地取为 0.6；c_4 为结构质量缺陷情况修正系数，无明显重大缺陷取 0，否则取 0.2。

根据式（7-4）计算得到的结构延性率 μ，按表 7-4 确定结构破坏状态。

表 7-4　钢筋混凝土框架结构延性率 μ 与破坏状态对应关系

基本周期	破坏状态				
	基本完好	轻微破坏	中等破坏	严重破坏	毁坏
$T \leqslant 0.7$ s	(0, 1.85]	(1.85, 4.0]	(4.0, 6.5]	(6.5, 10.5]	(10.5, +∞)
$T > 0.7$ s	(0, 1.8]	(1.8, 3.85]	(3.85, 6.0]	(6.0, 11.0]	(11.0, +∞)

7.3　算例验证

选取青海省玉树州让娘寺结构进行震害预测。该建筑为 7 层钢筋混凝土框架结构，2009 年建成，总高度为 29.4 m，抗震设防烈度为Ⅶ度（PGA = 0.15g），特征周期 T_g = 0.35 s，所处场地的地形为中坡地。

2010 年 4 月 14 日玉树 7.1 级地震发生后，让娘寺位于Ⅸ度地震烈度区，发生中等破坏，如图 7-1 所示。

将各参数代入式（7-4）可得在不同烈度水准下结构延性率 μ，并按表 7-4 确定结构地震破坏等级。计算结果如表 7-5 所示。

图 7-1　让娘寺钢筋混凝土框架结构震害

表 7-5　让娘寺钢筋混凝土框架结构震害预测结果

地震烈度/度	Ⅵ	Ⅶ		Ⅷ		Ⅸ
k	0.05	0.1	0.15	0.2	0.3	0.4
μ	0.60	1.15	1.70	2.25	3.39	4.49
破坏等级	基本完好	基本完好	基本完好	轻微破坏	轻微破坏	中等破坏

由表 7-4 可知，让娘寺结构在Ⅵ度、Ⅶ度地震烈度下基本完好，在Ⅷ度地震烈度下轻微破坏，在Ⅸ度地震烈度下中等破坏。而该结构在实际震害中遭遇地震烈度为Ⅸ度，发生中等破坏，与震害预测结果一致。本章所提出的震害预测方法适用于山地钢筋混凝土框架结构震害预测。

7.4　小　　结

针对山地地形对建筑结构震害的不利影响，对考虑地形影响的山地建筑震害预测关键问题开展了研究。主要取得以下研究成果：

（1）考虑不同山地地形条件，在参考设计规范的基础上，确定了不同山地地形的地震动放大系数；

（2）根据结构延性率，提出了山地钢筋混凝土框架结构震害预测方法；

（3）所提出的震害预测方法综合考虑了山地地形、场地条件、结构高度、设防烈度、结构类型等因素；

（4）选取震害实例对震害预测方法进行了验证，结果表明所提出方法适用于山地钢筋混凝土框架结构的震害预测。

参 考 文 献

[1] 李云燕．西南山地城市空间适灾理论与方法研究［M］．南京：东南大学出版社，2015.

[2] 周国良．河谷地形对多支撑大跨桥梁地震反应影响［D］．哈尔滨：中国地震局工程力学研究所，2010.

[3] 尹之潜．现有建筑抗震能力评估［J］．地震工程与工程振动，2010，30（1）：36-45.

[4] 孙景江，李山有，戴君武，等．青海玉树 7.1 级地震震害［M］．北京：地震出版社，2016.

8 重庆市永川区城区建筑结构震害预测

8.1 调研工作概述

重庆市永川区城区建筑结构震害预测工作主要采用单体与群体预测相结合的方法。对于部分重要建筑物采用单体调查和预测的方法；对于一般建筑物，采用抽样调查和群体预测的方法。

重庆市永川区抗震设防烈度为Ⅵ度，设计基本地震动加速度为0.05*g*。单体和群体震害预测的场地类别采用小区划的结果。

本次工作区范围主要是永川区城区，包括老城区和新城区，所调查区域称为工作区。通过使用91卫图软件，绘得了永川区的高程图，如图8-1~图8-3所示。从图中可以看出，永川区范围内明显存在4部分高程凸起区域和局部一些小凸起，当建筑结构位于凸起区域时，则必须考虑地形地势对其抗震性能的影响。

根据城区范围内建筑结构的形式和特点，将建筑物分为两种类型，即多层钢筋混凝土房屋和高层建筑结构。通过调研，共统计得到多层钢筋混凝土房屋868栋，高层建筑结构447栋，总栋数1315栋。建筑物的调查情况列于表8-1。通过对工作区内建筑物的结构易损性分析，得到各类建筑物在Ⅵ度、Ⅶ度、Ⅷ度、Ⅸ度、Ⅹ度五个地震烈度下的震害预测结果，得到各类建筑物在0.05*g*、0.1*g*、0.2*g*、0.4*g*、0.8*g*五个地震动峰值加速度的震害预测结果。

表8-1　工作区内抽样建筑物调查概况

多层钢筋混凝土房屋		高层建筑		总　计	
栋数	面积/m^2	栋数	面积/m^2	栋数	面积/m^2
868	6599545.3	447	12772176.6	1315	19371721.9

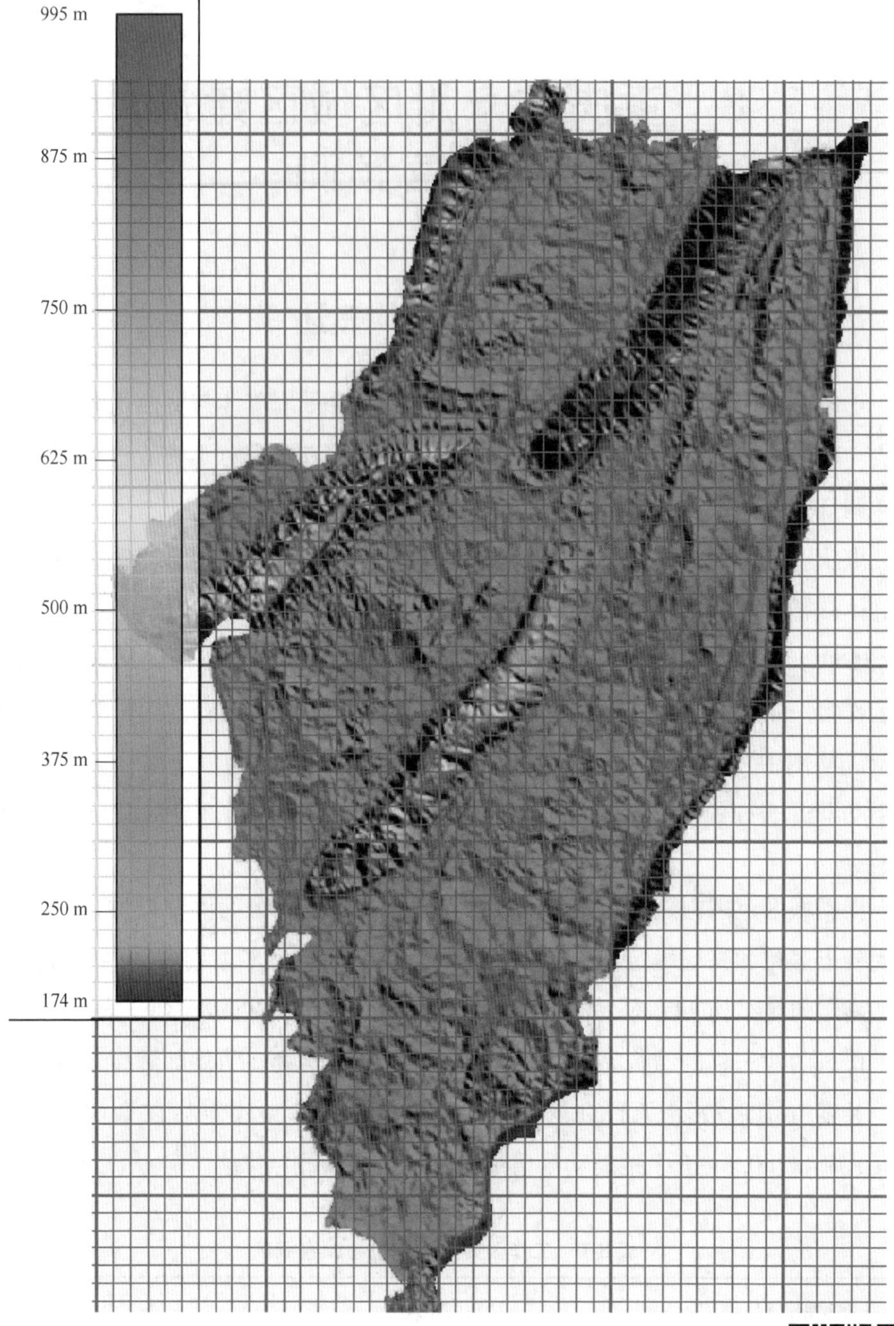

图 8-1　重庆市永川区高程平面分布图

图 8-1 彩图

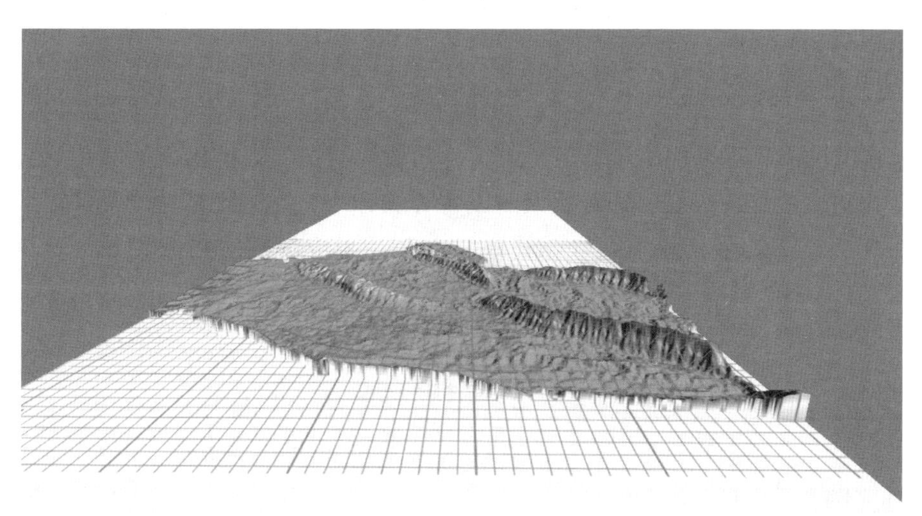

图 8-2 重庆市永川区高程三维分布视角一

图 8-2 彩图

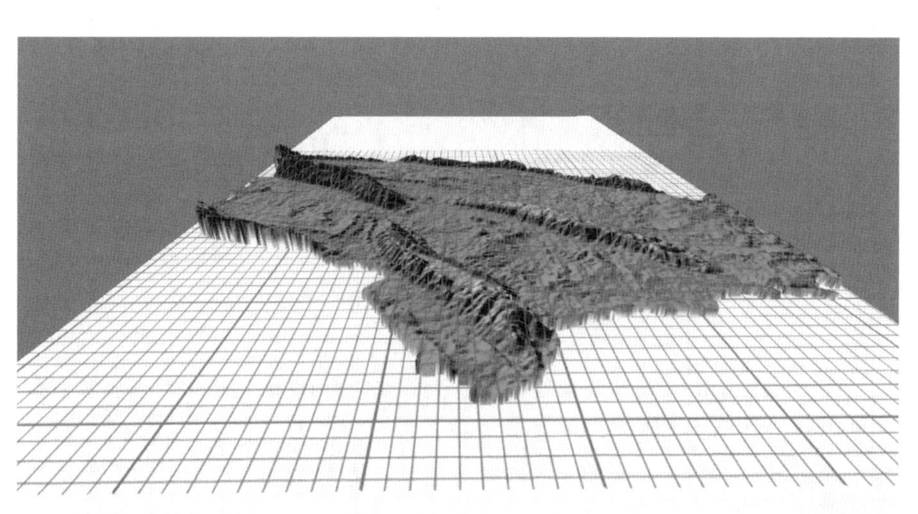

图 8-3 重庆市永川区高程三维分布视角二

图 8-3 彩图

8.2　单体和群体框架结构震害预测方法

8.2.1　震害等级划分

房屋的震害程度取决于其各组成构件的破坏情况，根据构件的破坏等级可评定出房屋的震害等级。通常房屋的震害等级分为 5 级：毁坏、严重破坏、中等破坏、轻微破坏和基本完好。其评定方法及相应的震害指数见表 8-2 和表 8-3。

表 8-2　构件破坏等级

构件破坏等级	钢筋混凝土构件	砖　墙	砖　柱	石砌墙体	屋面系统和楼板
Ⅰ	破坏处混凝土酥碎，钢筋严重弯曲，产生了较大变位或已折断	产生了多道裂缝，近于酥散状态或已倒塌	已断裂，受压区砖块酥碎脱落或已倒塌	产生多道裂缝，墙体近于酥散状态，局部墙体倒塌	楼或屋面板断裂或坠落或滑动，支撑系统弯曲失稳，屋架坠落或倾斜
Ⅱ	破坏处表层脱落，内层有明显裂缝，钢筋外露略有弯曲	墙体有多道显著的裂缝或严重倾斜	断裂，受压区砖块酥碎	墙体开裂严重，砌缝勾缝砂浆脱落，条石外闪、错位，石垫片压碎	屋面板错动，屋架倾斜，支撑系统变形明显
Ⅲ	破坏处表层有明显裂缝，钢筋外露	墙体有明显裂缝	柱有水平通缝	墙体有可见沿砌缝的裂缝，裂缝明显，砌缝砂浆脱落，局部条石错位	屋面板松动，支撑系统有可见变形
Ⅳ	构件表层有可见裂缝，对承载能力和使用无明显影响	构件表层有可见裂缝，对承载能力和使用无明显影响	构件表层有可见裂缝，对承载能力和使用无明显影响	墙体有可见少量勾缝开裂或脱落，对承载力和使用无影响	有可见裂缝或松动

表 8-3 结构震害等级和相应的震害指数

震害等级	宏观现象	定义的震害指数 (D)	指数的上下限
毁坏	大部分构件为表 8-2 中的Ⅰ级破坏和Ⅱ级破坏，结构已濒于倒毁或已倒毁，已无修复可能，失去了结构设计时预定的功能	1	$D>0.85$
严重破坏	大部分构件为Ⅱ级破坏，个别构件有Ⅰ级破坏现象，难以修复	0.7	$0.55<D\leqslant 0.85$
中等破坏	部分构件为Ⅲ级破坏，个别构件有Ⅱ级破坏现象，经修复仍可恢复原设计的功能	0.4	$0.3<D\leqslant 0.55$
轻微破坏	部分构件为Ⅳ级破坏，个别构件有Ⅲ级破坏现象	0.2	$0.1<D\leqslant 0.3$
基本完好	各类构件无损坏，或个别构件有Ⅳ级损坏现象	0	$D\leqslant 0.1$

8.2.2 单体框架结构震害预测方法

在对框架结构不同破坏状态的变形指标、抗震能力评定方法以及钢筋混凝土框架结构弹塑性反应的特点和规律等问题分析总结的基础上，归纳总结了三种典型框架结构震害预测方法，分别是：（1）根据弹塑性位移确定破坏状态的框架结构震害预测方法；（2）基于楼层屈服剪力系数 ξ_y 为指标评定框架结构震害等级的震害预测方法；（3）基于结构薄弱楼层的屈服剪力系数 ξ_i 和相应的层间弹塑性最大位移反应的震害预测方法。同时，分别从方法原理、适用范围和复杂程度等角度对这三种方法进行了分析比较。

A 由弹塑性位移确定结构震害等级

a 薄弱层的弹塑性位移确定

经过实验分析并归纳总结，可得如式（8-1）所示钢筋混凝土结构薄弱层的弹塑性位移计算公式为

$$\Delta_{up}=Z_p\Delta_{ue} \tag{8-1}$$

式中，Z_p 为钢筋混凝土结构弹塑性位移增大系数。当 $Y\geqslant 1.0$ 时，Z_p 取 1.0；当 $0.5<Y<1.0$ 时，Z_p 取 1.0～1.5；当 $Y\leqslant 0.5$ 时，Z_p 按表 8-4 确定。Y 为楼层屈服强度系数。

表 8-4　弹塑性位移增大系数表

结构类型	总层数	ζ			
		0.5	0.4	0.3	0.2
多层均匀型	2～4	0.3	1.40	1.60	2.10
	4～7	1.50	1.65	1.80	2.40
	8～12	1.80	2.00	2.20	2.80

b　建筑平立面布置和体型

震害预测过程中，针对建筑物平立面形状的具体情况，可对平立面布置不规则的建筑取值为 1.1 的修正系数，而平立面布置规则的建筑取值为 1.0 的修正系数。

c　抗震构造措施

基于历次强烈地震的震害经验统计可知，对于多层钢筋混凝土框架结构抗震能力相对较好，但其梁、柱等结构承重构件以及填充墙等非承重构件在强烈地震动作用下破坏相对严重，并且钢筋混凝土柱端以及梁柱节点区域钢筋混凝土破坏最为严重。因此，在钢筋混凝土框架结构震害预测方法构建的过程中，应重点关注柱、主梁以及填充墙等构件的抗震性能。对于钢筋混凝土框架结构考虑各项构件抗震性能的建筑弹塑性位移修正系数计算公式可按式（8-2）计算：

$$T_s = \sum_{i=1}^{9} r_i t_i / \sum_{i=1}^{9} r_i \tag{8-2}$$

式中，T_s 为考虑抗震构造措施时建筑弹塑性位移修正系数；r_i 为不同构件的权重系数，对于柱取值为 1.4，梁取值为 1.2，填充墙取值为 1.0；t_i 为不同构件在不同构造措施条件下的修正系数，对于满足抗震构造措施要求的填充墙取值为 1.0，不满足抗震构造措施的填充墙取值为 1.05，而对于满足抗震构造措施要求的梁和柱取值为 1.0，不满足抗震构造措施要求的梁和柱取值为 1.15。

d　建筑物的完好程度

按照结构构件和非结构构件的损坏情况，可以将建筑物的完好程度分为①、②、③三个等级。这三个等级的划分标准如表 8-5 所示。

表 8-5　建筑物完好程度划分标准

等级	破 坏 情 况	弹塑性位移修正系数取值
① 类建筑	地基未出现明显不均匀沉降；框架柱、楼板、梁及填充墙的可视表面均无裂缝出现，且无明显腐蚀现象	1.0

续表 8-5

等级	破 坏 情 况	弹塑性位移修正系数取值
② 类建筑	地基有明显不均匀沉降；框架柱、楼板、梁的可视表面未出现明显裂缝，少数填充墙出现局部损坏；梁、柱无严重腐蚀现象	1.05
③ 类建筑	地基有明显不均匀沉降；少数框架梁、柱及楼板出现明显裂缝；填充墙出现局部损坏，且少数梁、柱腐蚀严重	1.15

e 建筑结构震害等级确定

为考虑结构的体型、抗震构造措施、完好程度以及场地类型等因素对建筑结构地震破坏等级的影响，需按照式（8-3）对结构薄弱层弹塑性位移进行修正。

$$u_p = \Delta_{up} T \tag{8-3}$$

式中，u_p 为结构层间相对位移；Δ_{up} 为结构薄弱层的弹塑性位移；T 为弹塑性位移综合修正系数，按照式（8-4）进行计算。

$$T = T_1 T_2 T_3 \tag{8-4}$$

式中，T_1 为房屋体型修正系数；T_2 为房屋抗震构造措施修正系数；T_3 为建筑完好程度修正系数。

按照式（8-3）和式（8-4）得到修正之后的结构弹塑性层间位移之后，可以按照表 8-6 来直接确定结构的地震破坏等级。

表 8-6 震害等级与结构层间相对变形的统计关系

基本完好	轻微破坏	中等破坏	严重破坏	毁坏
$H/400 \sim H/300$	$H/300 \sim H/250$	$H/250 \sim H/200$	$H/200 \sim H/50$	$H/50 \sim H/30$
$u_p \leqslant H/300$	$H/300 < u_p < H/250$	$H/250 \leqslant u_p < H/150$	$H/150 \leqslant u_p < H/30$	$u_p \geqslant H/30$

B 由楼层屈服剪力系数 ξ_y 确定结构震害等级

对结构总层数不超过 12 层且结构各层刚度沿结构高度方向分布均匀的钢筋混凝土框架结构，其震害预测结果可按式（8-5）进行计算。

$$\xi_y = \frac{V_y}{V_{e2}\varphi_r} \tag{8-5}$$

式中，ξ_y 为钢筋混凝土框架的楼层屈服剪力系数；V_y 为按照实际配筋和混凝土强度等级而确定的楼层受剪承载力；V_{e2} 为目标烈度下水平地震作用标准值引起的楼层弹性水平地震剪力；φ_r 为未考虑填充墙刚度的楼层弹性地震剪力折减系数。

根据式（8-5）确定出钢筋混凝土框架结构的楼层屈服剪力系数之后，可按照表 8-7 确定结构的地震破坏等级。

表 8-7　楼层屈服剪力系数与结构地震破坏等级对应关系

破坏状态	基本完好	轻微破坏	中等破坏	严重破坏	毁坏
ξ_i 值范围	$\xi_i \geqslant 0.8$	$0.8 > \xi_i \geqslant 0.5$	$0.5 > \xi_i \geqslant 0.35$	$0.35 > \xi_i \geqslant 0.2$	$\xi_i < 0.2$

C　由结构薄弱层的 ξ_i 值和相应的层间弹塑性最大位移确定结构震害等级

a　结构层间弹塑性位移

由于结构在强烈地震动作用下其薄弱层最易发生弹塑性变形并破坏，因此在进行钢筋混凝土框架结构震害预测工作时，应重点关注结构薄弱层与结构地震破坏等级之间的关系。

对于大多数的钢筋混凝土结构，其力学模型可简化为多层剪切型结构。通过对大量的力学模型简化为层剪切模型的实际结构进行动力时程分析，可得到钢筋混凝土框架结构在不同地震动作用下的地震破坏数据，并基于分析得到的基础数据可总结出如式（8-6）所示的钢筋混凝土框架结构薄弱楼层最大层间弹塑性位移计算公式。

$$\Delta_p(i) = \eta_p \Delta_e(i) \tag{8-6}$$

式中，$\Delta_p(i)$ 为薄弱楼层最大层间弹塑性位移；$\Delta_e(i)$ 为薄弱楼层层间弹性位移；η_p 为弹塑性位移增大系数。对于刚度沿结构高度方向分布均匀的结构可按表 8-8 取值，对于刚度沿结构高度方向分布不均匀结构还应乘以大于 1 的系数。

表 8-8　结构的 η_p 值

结构总层数 N	ξ_{min}									
	1.0	0.9	0.8	0.7	0.6	0.5	0.4	0.3	0.2	0.1
2～4	1.0	1.02	1.05	1.10	1.20	1.30	1.10	1.00	2.10	3.0
5～7	1.0	1.05	1.10	1.20	1.35	1.50	1.65	1.80	2.40	3.3
8～12	1.0	1.10	1.25	1.40	1.60	1.80	2.00	2.20	2.80	3.8

同时，为考虑结构刚度或质量在结构竖向或水平向分布的不均匀性，特引入弹塑性位移增大系数的概念对结构层间弹塑性位移进行修正，修正后的结构层间弹塑性位移计算公式如式（8-7）~式（8-9）所示。

$$\Delta_e(i)=\Delta_{e1}\cdot y \tag{8-7}$$

$$y=an^3+bn^2+cn+d \tag{8-8}$$

$$\Delta_{e1}=a_1 g[T/(2\pi)]^2 \tag{8-9}$$

式中，Δ_{e1}为与多层结构周期相同的单层结构位移；n为结构的总层数；g为重力加速度；其他参数的取值为 $a=-0.0007$，$b=0.0218$，$c=-0.2456$，$d=1.2245$。

若某结构的层间弹塑性位移角的变异系数为0.59。在震害预测分析中，钢筋混凝土框架结构层间位移角的变异系数计算公式如式（8-10）所示。

$$V_s=\sqrt{V_A^2+0.59^2} \tag{8-10}$$

式中，V_s为结构层位移角的总变异系数；V_A为“样本”的变异系数。

b　框架结构震害等级综合估计

基于概率极限状态设计法的相关理论，可建立钢筋混凝土框架结构地震破坏等级综合估计方法。

若将结构倒塌视为结构的极限破坏状态之一，其概率分布密度函数可采用对数正态分布概率密度分布函数的表达式。根据数据统计并考虑计算模式的不确定性，可得结构处于倒塌破坏状态时其界限破坏位移角平均值可取值为0.033，对应的变异系数可取值为0.37。而对于结构处于其他地震破坏等级状态时界限位移角的平均值、变异系数可按表8-9进行取值。

表8-9　结构弹塑性层间位移角与震害等级对应关系

破坏状态	轻微破坏	中等破坏	严重破坏	倒塌
平均值μ_{RQ}	1/350（0.00286）	1/150（0.0067）	1/80（0.0125）	1/30（0.033）
变异系数V_{RQ}	0.37			

式（8-11）为考虑结构层间弹塑性位移反应和结构变形能力两个随机变量的结构可靠性指标β表达式。基于可靠性指标β表达式，可基于对数正态分布的相关理论，运用如式（8-12）所示的表达式可得结构不同地震破坏等级下的失效概率。

$$\beta = \frac{\ln\left(\frac{\mu_R}{\sqrt{1+V_R^2}}\right) - \ln\left(\frac{\mu_S}{\sqrt{1+V_S^2}}\right)}{\sqrt{\ln(1+V_R^2)\cdot(1+V_S^2)}} \tag{8-11}$$

$$P_f = \Phi(-\beta) \tag{8-12}$$

式中，μ_S、μ_R、V_S、V_R 分别为结构最大层间位移、结构变形能力的平均值和对应的变异系数；$\Phi(\cdot)$ 为标准正态分布函数。典型房屋薄弱楼层 ξ_i 值的取值与表 8-7 相同。

D　震害预测方法对比

介绍了三种钢筋混凝土框架结构震害预测方法。第一种预测方法在确定结构薄弱层弹塑性位移时，考虑了结构的布置和体型、抗震构造措施、结构的完好程度等因素。第二种预测方法以楼层的屈服剪力系数 ξ_y 为指标来反映框架房屋震害等级。第三种预测方法是计算结构薄弱楼层的 ξ_i 值和相应的层间弹塑性最大位移反应来综合估计框架结构的震害等级。对比三种震害预测方法的原理、适用范围和复杂程度，并列于表 8-10 中。

表 8-10　三种震害预测方法特点对比分析

震害预测方法	预测方法一	预测方法二	预测方法三
原理	（1）计算在大震作用下结构的弹塑性变形，求出梁柱受剪极限弯矩；（2）由各楼层受剪承载力与水平地震剪力的比值求出屈服强度系数，屈服强度系数最小的楼层为结构薄弱层；（3）由结构薄弱层计算其弹塑性位移，同时以结构状态分析薄弱层修正后的弹塑性位移，以此确定破坏状态	（1）找出框架结构的薄弱楼层，检验其最大层间位移是否在结构变形能力允许的范围内；（2）以楼层的屈服剪力系数 ξ_y 为指标反映框架结构的震害等级	在强震作用下，结构薄弱楼层的破坏程度决定了结构的破坏状态。结构强度由结构薄弱楼层的 ξ_i 值反映，而且体现了结构弹塑性反应特点
适用范围	多种结构类型房屋	12 层以下的钢筋混凝土框架结构房屋	钢筋混凝土框架结构房屋
复杂程度	复杂	简单	较复杂

综上对于三种震害预测方法的对比分析，可以得出如下结论：

（1）根据弹塑性位移确定结构震害等级的方法具有预测的普遍性，可以对多种结构进行震害预测，但计算相对复杂。

（2）以楼层屈服剪力系数 ξ_y 确定结构震害等级的方法具有局限性，此方法只能预测 12 层以下的钢筋混凝土框架结构房屋。相比其他方法不够精确，但其优点是计算操作简单。

（3）由结构薄弱楼层的 ξ_i 值和相应的层间弹塑性最大位移确定结构震害等级的方法具有时效性，运用一个指标虽然单一但是对于反应破坏程度等都可起到作用，计算难度属于中等。

上述三种钢筋混凝土框架结构震害预测方法各自具有各自的优势，根据具体的问题选用合适的方法均可以得到准确的震害预测结果。

8.2.3 群体框架结构震害预测方法

建筑物震害预测工作需要计算单体结构的震害预测情况，但是一个城市的震害预测建筑物往往数目非常巨大，即使是进行抽样计算，那么其数据量依然比较庞大。同时，由于城市建设的快速发展，新建结构逐渐增多，城市建筑物的数量、结构形式、组成比例等都在不断地变化。对于不同类型的建筑结构，均建立了相应的群体震害预测方法。群体结构震害预测方法是通过震害资料直接统计法和经验总结法建立的，目前适用于相同结构类型、不同地域的结构。所评估结构区域的大小对评估结果没有影响，即评估区域可以是一座城市，也可以是一个街道范围。为了能够快速给出建筑的震害预测结果，本节给出了建筑物群体震害预测方法。冯启民等提出结合区域结构特点修正震害指数来计算群体结构震害的方法，结果表明，其方法能够满足工程精度的要求。

通过对我国近几十年来一些破坏性地震的震害统计数据调查，从海城地震、唐山地震、丽江地震、伽师地震和包头地震中选取了 15 个居民区内、287 栋震害资料比较齐全的建筑物以及部分城市的建筑物震害预测作为统计样本。根据这些调查数据和以往的震害经验，确实有一些要素对建筑物的破坏有较为显著的影响。通过比较和分析，确定了 7 个主要的影响因素，即设防烈度、场地环境、场地类型、建筑类型、层数、建造年代和使用现状，并定义为震害因子，用 d 表示。

历史震害资料分析表明，建筑物的破坏程度与震害因子之间一般不存在线性关系，因此可以假定表征建筑物破坏程度的震害指数 D 是各个震害因子影响系数的乘积，即

$$D = D_a \cdot d_0 \cdot \prod_{i=1}^{N} \sum_{j=1}^{T} \omega \cdot d_{ij}^{m_{ij}} \tag{8-13}$$

式中，D_a 为所选地区或区域的平均震害指数，取值见表 8-11 和表 8-12；T 为对应第 i 个震害因子的取值分类的类别数，如表 8-13 和表 8-14 所示；d_0 为统计系

数，取 1.0；d_{ij}为符合第 j 项分类的第 i 个震害因子；m_{ij}为幂指数，当第 i 个震害因子的实际情况符合第 j 种分类时取 1，其余取 0；ω 为加权系数，$\sum \omega = 1.0$，一般为各个分类所占的比例。

表 8-11　计算群体钢混时的 D_a

Ⅵ度	Ⅶ度	Ⅷ度	Ⅸ度	Ⅹ度
0.0509	0.0628	0.1257	0.30995	0.5892

表 8-12　计算群体高层时的 D_a

Ⅵ度	Ⅶ度	Ⅷ度	Ⅸ度	Ⅹ度
0.05	0.05525	0.11025	0.23985	0.5063

表 8-13　震害因子分类取值表（计算群体钢混时）

i	震害因子	j	取值分类	d_{ij}
1	设防烈度	1	Ⅵ度及以下	1.3
		2	Ⅶ度	1.05
		3	Ⅷ度或以上	0.95
2	场地环境	1	有利地段：指稳定基岩，坚硬土或开阔、平坦、密实、均匀的中硬土等	1.0
		2	不利地段：指软弱土，液化土，河岸和边坡缘，非岩质的陡坡等	1.3
		3	危险地段：地震时可能发生滑坡、崩塌、地陷、地裂、泥石流等及跨断层地带	2.8
3	场地类型	1	Ⅰ类	1.0
		2	Ⅱ类	1.0
		3	Ⅲ类	1.15
		4	Ⅳ类	1.25
4	建筑类型	1	住宅类	0.93
		2	教育类	1.02
		3	办公类	0.90
		4	其他	1.04

续表 8-13

i	震害因子	j	取值分类	d_{ij}
5	结构层数	1	1 层；非自建	1.00
		2	2～3 层	1.04
		3	4～5 层	1.07
		4	6 层及以上	0.98
6	建造年代	1	1969 年以前	1.36
		2	1970～1979 年	1.18
		3	1980～1989 年	1.02
		4	1990～1999 年	0.96
		5	2000 年以后	0.90
7	使用现状	1	一般，主要承重构件保持完好，非承重构件基本无缺陷	1.0
		2	差，主要承重构件有轻微的破损或变形，墙体有轻微裂缝等	1.3
		3	有明显缺陷，曾进行过维修或加固	1.7

注：用途系数在计算Ⅸ度、Ⅹ度时，系数增加 0.15。

表 8-14　震害因子分类取值表（计算群体高层时）

i	震害因子	j	取值分类	d_{ij}
1	设防烈度	1	Ⅵ度及以下	1.3
		2	Ⅶ度	1.05
		3	Ⅷ度或以上	1.0
2	场地环境	1	有利地段：指稳定基岩，坚硬土或开阔、平坦、密实、均匀的中硬土等	1.0
		2	不利地段：指软弱土，液化土，河岸和边坡缘，非岩质的陡坡等	1.1
		3	危险地段：地震时可能发生滑坡、崩塌、地陷、地裂、泥石流等及跨断层地带	1.3
3	场地类型	1	Ⅰ类	1.0
		2	Ⅱ类	1.0

续表 8-14

i	震害因子	j	取值分类	d_{ij}
3	场地类型	3	Ⅲ类	1.05
		4	Ⅳ类	1.10
4	层数	1	10 层及以内	1.12
		2	11～25 层	1.02
		3	26～33 层	0.96
5	建筑类型	1	住宅类	0.92
		2	教育类	1.05
		3	办公类	0.95
		4	其他	1.05
6	建造年代	1	1969 年以前	1.5
		2	1970～1979 年	1.2
		3	1980～1989 年	1.02
		4	1990～1999 年	1.00
		5	2000 年以后	0.90
7	使用现状	1	好，结构承载力能满足正常使用要求，未发现危险点，房屋结构安全	1.0
		2	一般，主要承重构件有轻微的破损或变形等	1.05
		3	差，楼体倾斜、墙体开裂严重，形成危房	2.0

注：结构类型系数和用途系数在计算Ⅸ度、Ⅹ度时，系数分别增加 0.1 和 0.2。

一般小区都应该知道有多少栋，如果实在无法准确知道有几栋，只能按结构类型分类来计算。对于小区里有不同建筑结构类型的，计算时分别计算，给出小区不同结构类型的破坏状态。

平均震害指数，指一个建筑物群或一定地区范围内所有建筑物的震害指数的平均值，即受各破坏等级的建筑物所占的比率与其相应的震害指数乘积之和。平均震害指数表示该类房屋结构的平均震害程度，是解决评定建筑物破坏情况的一种有效方法，通过各类房屋不同震害指数的计算，可以对比各类房屋之间抗震性能的优劣。一定地区范围内某类结构在某一地震烈度下的平均震害指数按式（8-14）计算：

$$D_a = \sum D \cdot n_p/N \quad 或 \quad D_a = \sum D \cdot P(D_p \mid J) \tag{8-14}$$

式中，$D \in [0, 1]$ 为震害指数中值，具体取值方法见表 8-15；n_p 为指定某一区域内 p 类（Ⅰ类：基本完好，Ⅱ类：轻微破坏，Ⅲ类：中等破坏，Ⅳ类：严重破坏，Ⅴ类：毁坏）破坏的某类结构房屋的栋数；N 为指定某一区域内某类结构房屋的总栋数；$P(D_p \mid J)$ 为某类结构在 J 烈度下发生 p 类破坏的破坏概率值。

表 8-15 与 5 个破坏等级相应的震害指数和上、下限值

破坏等级	基本完好	轻微破坏	中等破坏	严重破坏	毁坏
震害指数中值 D	0.05	0.2	0.4	0.7	1.0
震害指数的上、下限	[0, 0.1]	(0.1, 0.3]	(0.3, 0.55]	(0.55, 0.85]	(0.85, 1.0]

在有限数据情况下，可以选取影响结构的主要因素按式（8-14）的形式，对于缺失的因素可以选取一般情况的缺省值进行计算。对于特定结构，j 中的值即为定值。

8.2.4 考虑地形影响的震害预测结果修正

考虑地形影响的建筑结构震害预测结果修正的步骤如下：（1）使用 8.2.2 节中建筑物震害预测方法进行震害预测，得到震害指数；（2）将第（1）步骤中得到的震害指数根据建筑所处的地形乘以表 8-16 中的地形放大系数，得到修正后的震害指数；（3）将修正后的震害指数对应各类建筑物的震害等级划分表，确定建筑物的震害等级。在上述过程中则考虑了地形对建筑结构震害的影响。

表 8-16 地形与坡度、地震动放大系数对应表

地形	平坡地	缓坡地	中坡地	陡坡地	急坡地
坡度/(°)	<5	5 ~ 10	10 ~ 25	25 ~ 45	>45
放大系数	1	1.1	1.2	1.4	1.6

8.3 重庆市永川区建筑结构震害预测结果

8.3.1 单体震害预测结果

多层钢筋混凝土结构房屋：这类房屋主要是 1978 年以后兴建的，其中 20 世纪 90 年代以后兴建的占多数。大多数为 1 ~ 14 层钢筋混凝土框架结构，少部分为 2 ~ 14 层钢筋混凝土剪力墙结构、短肢剪力墙结构及框架-剪力墙结构等。使用单体框架结构震害预测方法开展结构的震害预测，但由于单体结构震害预测量大，限于篇幅限制，本节重点给出两栋重点建筑的震害预测详细过程。医院、公安局单位的建筑等属于重要建筑物，但由于建筑结构信息的保密性，施工图纸尚未获得。在震害预测工作进行过程中，获得了文理学院 B 区格物楼和一栋 16 层高层建筑结构的图纸。以这两栋结构作为研究对象，使用数值仿真方法进行结构单体震害预测。

8.3.1.1　重庆文理学院格物楼单体震害预测

使用 SeismoStruct 软件进行建模。SeismoStruct 2018 软件是由意大利 Seismosoft 软件公司开发的建筑结构专用有限元分析软件，该软件可以对建筑结构进行模态分析、静力分析、静力弹塑性分析（pushover）、静力自适应 pushover 分析、静力时程分析、动力时程分析、增量动力分析和反应谱分析 8 种结构分析类型。软件提供了钢结构、素混凝土结构、钢筋混凝土结构、钢-混凝土混合结构以及桥梁结构常见的构件截面类型，并且软件还集成了基于力的弹塑性梁-柱纤维单元、基于位移的弹塑性梁-柱纤维单元、基于力的弹塑性塑性铰梁-柱纤维单元、基于位移的弹塑性塑性铰梁-柱纤维单元、弹性梁-柱纤维单元、弹塑性桁架单元、弹塑性填充墙单元以及可以考虑土-结相互作用、隔震支座、消能减震阻尼器、结构构件耦合约束效应等功能的连接单元。

SeismoStruct 2018 软件分为前处理、求解器和后处理三个模块，其前处理模块操作界面如图 8-4 所示。

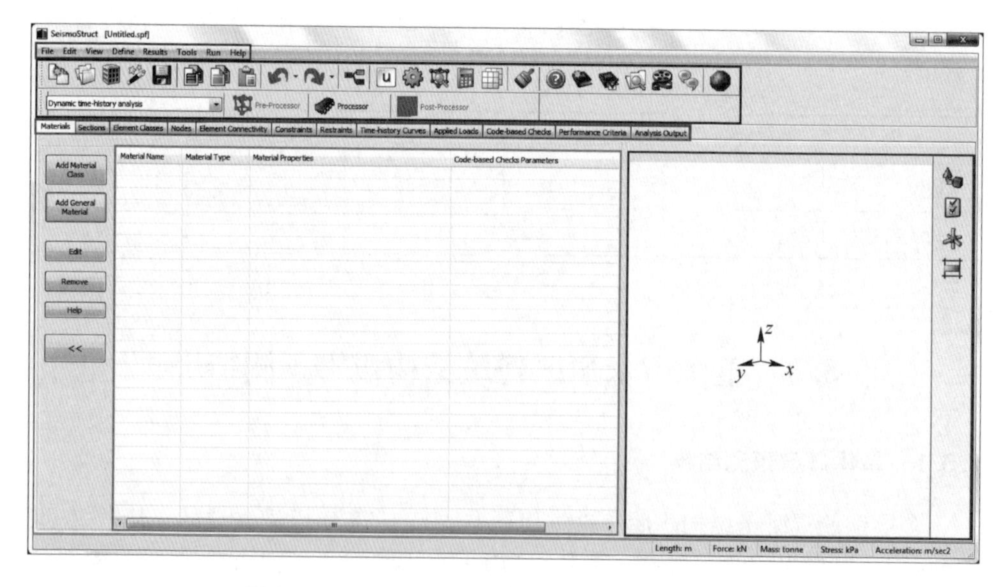

图 8-4　SeismoStruct 2018 软件前处理模块操作界面

（1）材料属性。SeismoStruct 2018 软件具有 4 种钢材材料属性模型（包括：Bilinear steel 模型、Menegotto-Pinto steel 模型、Dodd-Restrepo steel 模型和 Monti-Nuti steel 模型）、4 种混凝土材料属性模型（包括：Trilinear concrete 模型、Mander et al. nonlinear concrete 模型、Chang-Mander nonlinear concrete 模型和 Kappos and Konstantinidis nonlinear concrete 模型）、1 种形状记忆合金材料属性模型、1 种 FRP 复合材料材料属性模型、1 种弹性材料材料属性模型。

所建立有限元模型中，所有混凝土的材料属性模型均采用 Mander 教授提出的 nonlinear concrete 模型，而所有钢筋和软钢的材料属性模型均采用 Bilinear steel 模型。上述两种材料属性模型的滞回曲线分别如图 8-5 和图 8-6 所示。

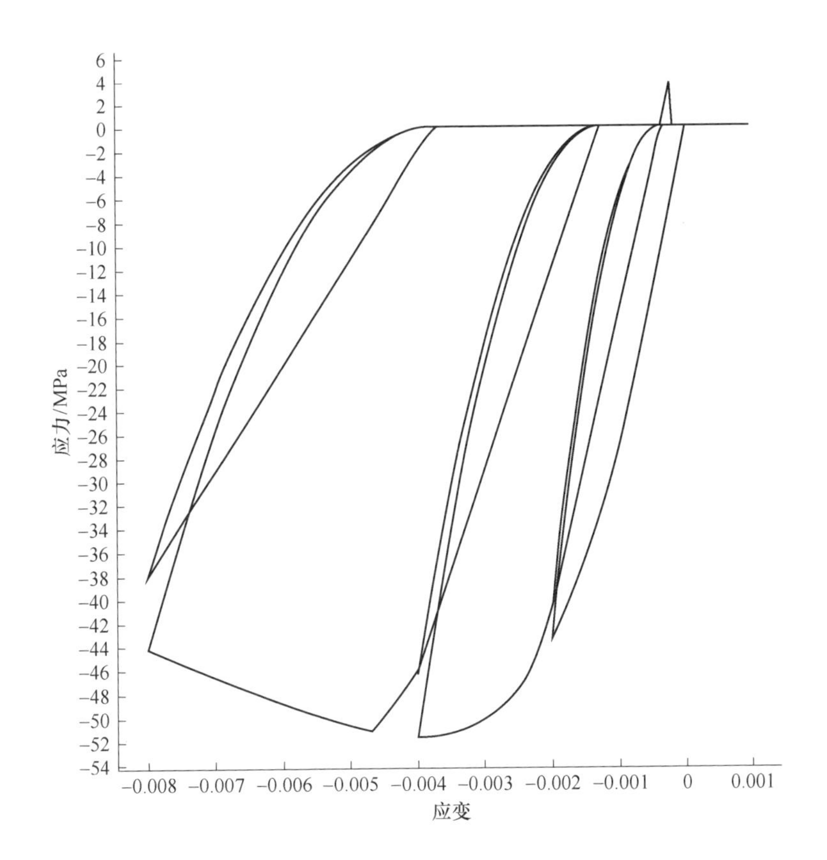

图 8-5 Mander et al. nonlinear concrete 模型

（2）截面属性及单元类型。有限元模型钢筋混凝土构件横截面属性见图 8-7。

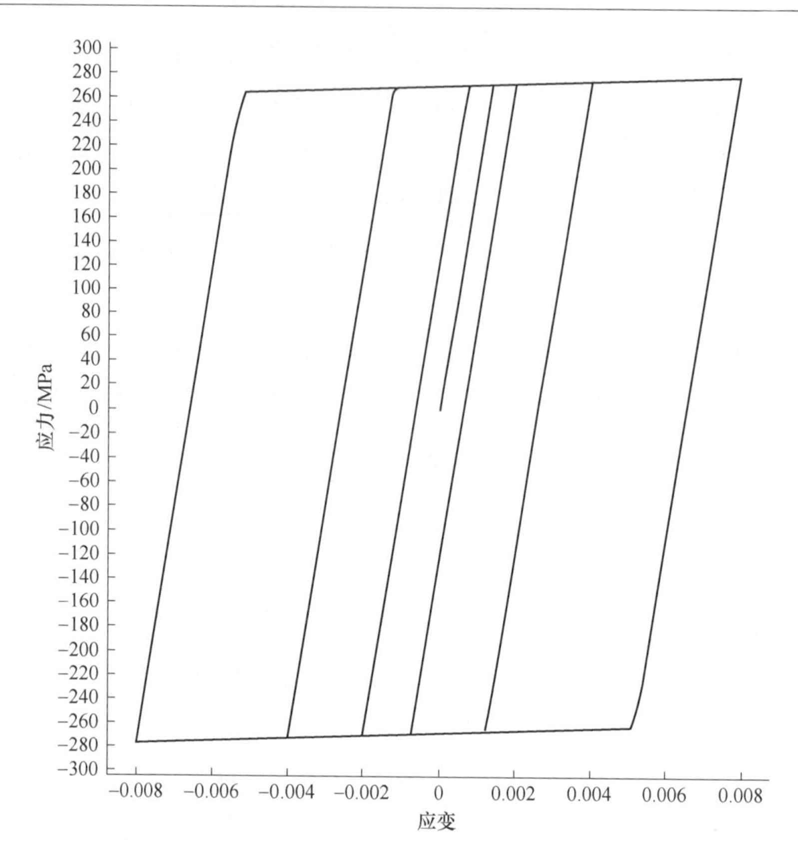

图 8-6　Bilinear steel 模型

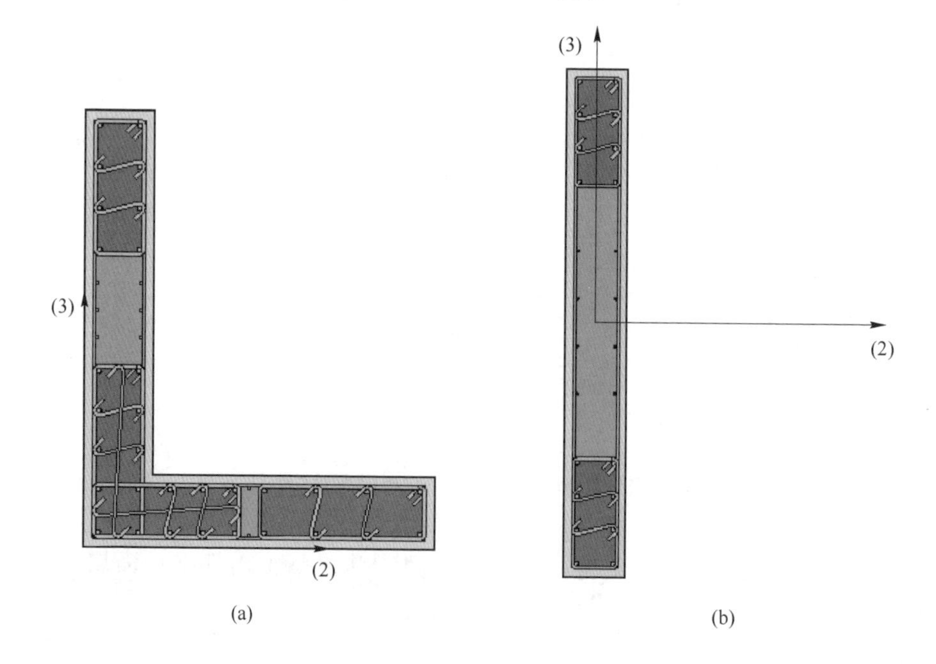

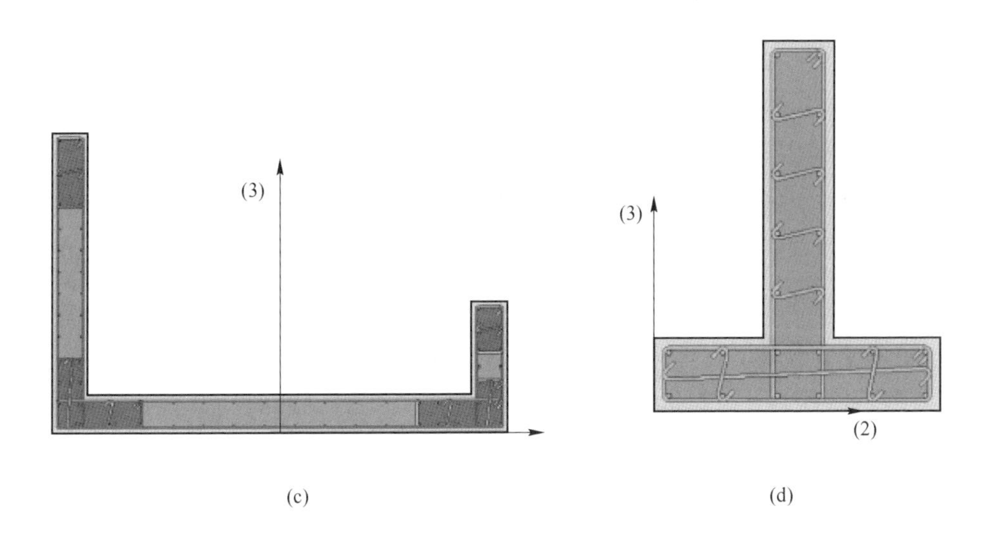

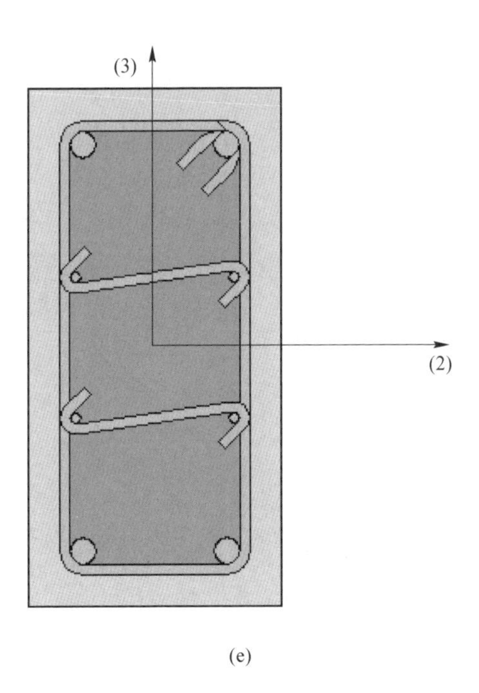

图 8-7 钢筋混凝土结构构件横截面属性

(a) L 型剪力墙横截面；(b) I 型剪力墙截面；(c) U 型剪力墙横截面；
(d) T 型剪力墙横截面；(e) 钢筋混凝土梁横截面

钢筋混凝土结构构件均采用基于位移的弹塑性塑性铰梁-柱纤维单元(inelastic displacement-based frame element)。

(3) 约束、边界条件和荷载。有限元模型所用楼板均采用刚性平面模拟,即假定楼板为刚度无穷大的平面。

对于边界条件,有限元模型结构底部所有节点6个自由度均被约束住。

所建立的有限元模型,其楼板自重、填充墙自重、活荷载等外部荷载均等效成线荷载施加到钢筋混凝土梁和剪力墙单元上。

格物楼结构模型、建模参数和计算结果如下文所述。建模后的效果图如图8-8~图8-13所示。材料选用见表8-17。

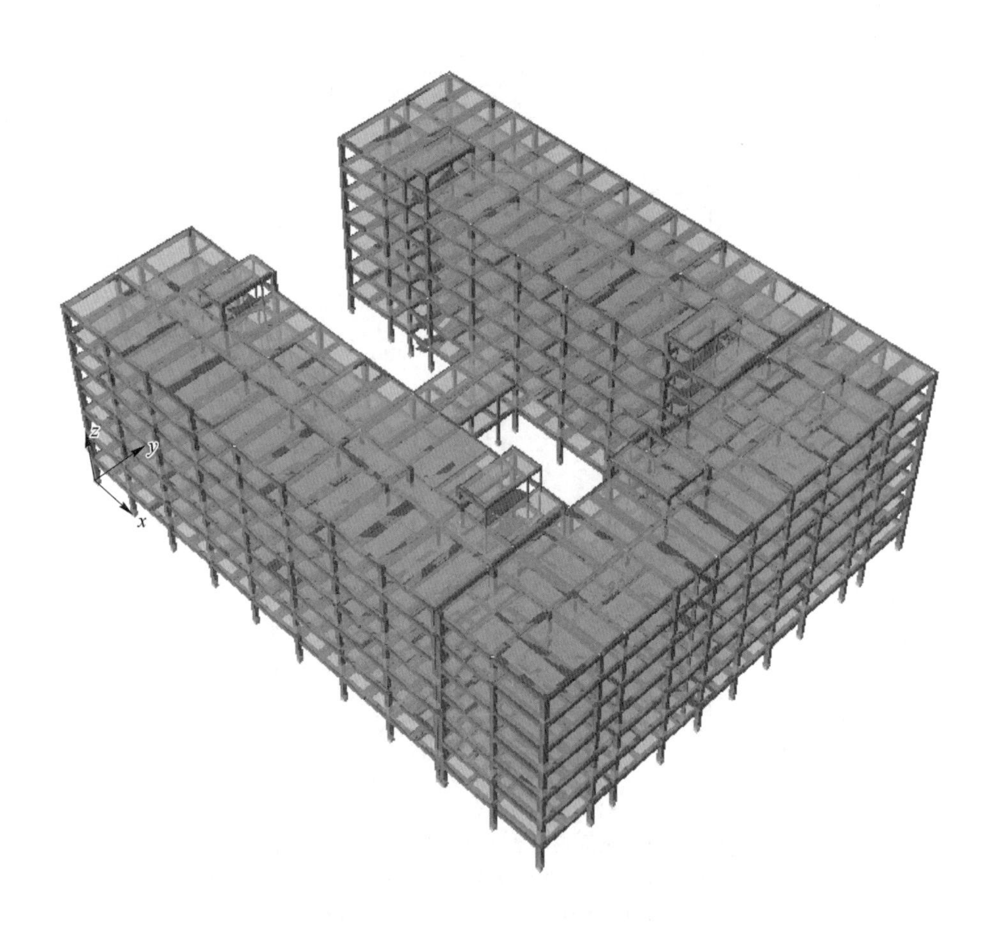

图8-8　重庆文理学院B区格物楼分析模型三维透视图

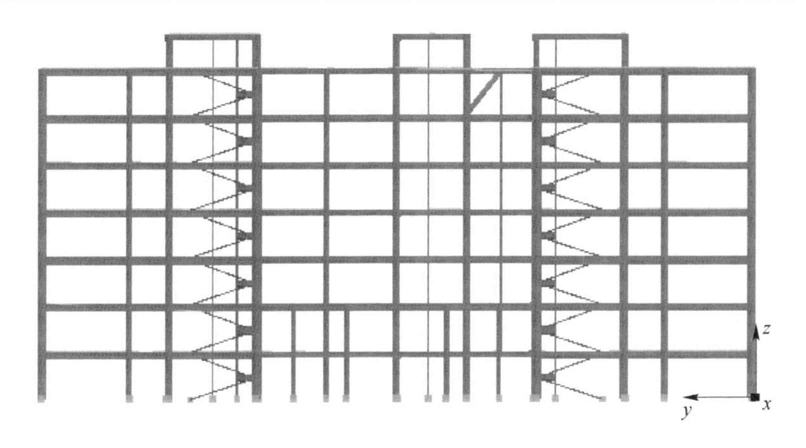

图 8-9 重庆文理学院 B 区格物楼分析模型左视图

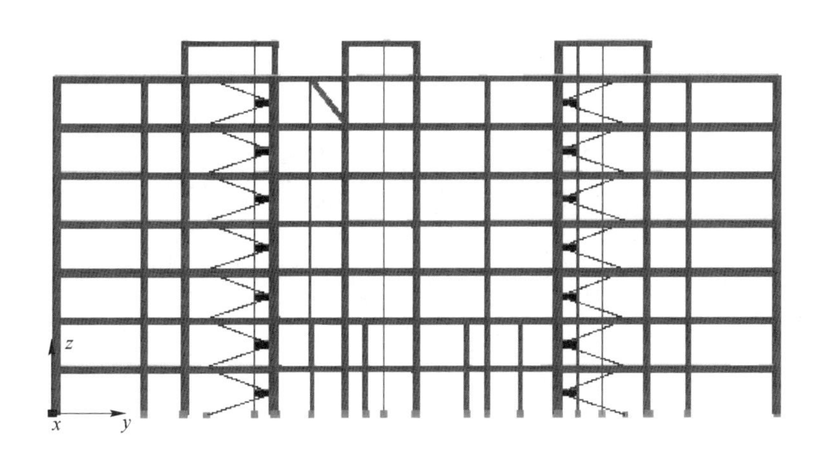

图 8-10 重庆文理学院 B 区格物楼分析模型右视图

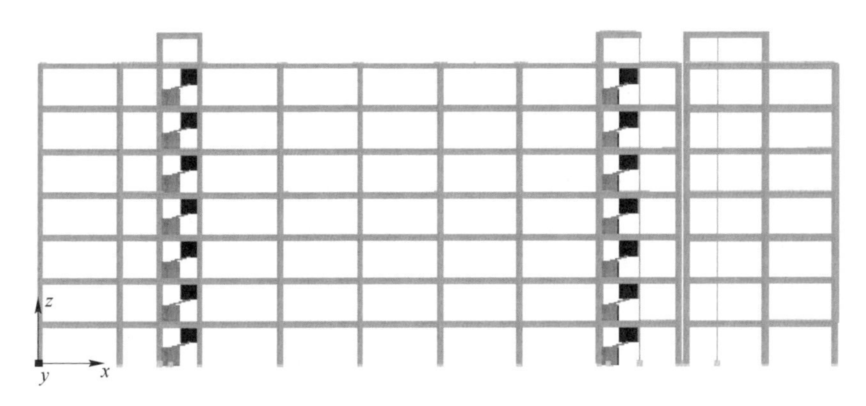

图 8-11 重庆文理学院 B 区格物楼分析模型正视图

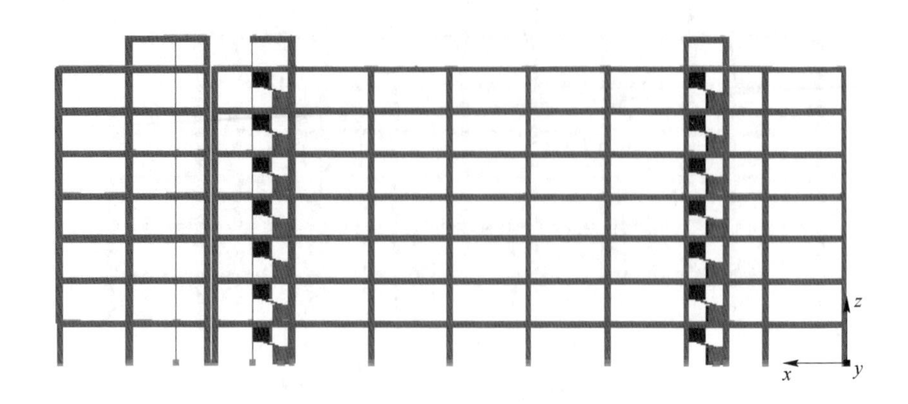

图 8-12　重庆文理学院 B 区格物楼分析模型后视图

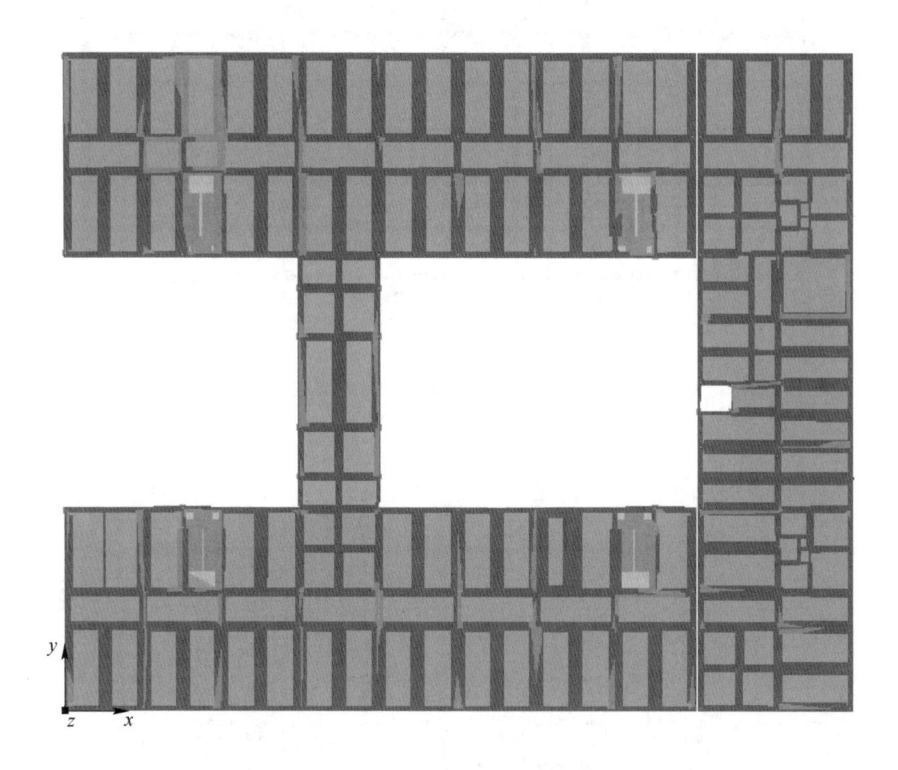

图 8-13　重庆文理学院 B 区格物楼分析模型俯视图

表 8-17 材料强度等级表

<table>
<tr><th colspan="2">构 件</th><th>混凝土强度等级</th><th>钢筋强度等级</th></tr>
<tr><td rowspan="3">框架柱</td><td>标高 4.2 m 以下</td><td>C40</td><td rowspan="4">箍筋：HPB235
受力钢筋：HRB335、HRB400</td></tr>
<tr><td>标高 4.2～12.6 m</td><td>C35</td></tr>
<tr><td>标高 12.6 m 以上</td><td>C30</td></tr>
<tr><td colspan="2">梁、板、楼梯</td><td>C30</td></tr>
</table>

材料属性设置如下：所建立有限元模型中，所有混凝土的材料属性模型均采用 Mander 教授提出的 nonlinear concrete 模型，而所有钢筋和软钢的材料属性模型均采用 Bilinear steel 模型。上述两种材料属性模型的滞回曲线分别如图 8-5 和图 8-6 所示。

振型分解反应谱法分析结果及结构的震害等级见图 8-14、图 8-15 和表 8-18。

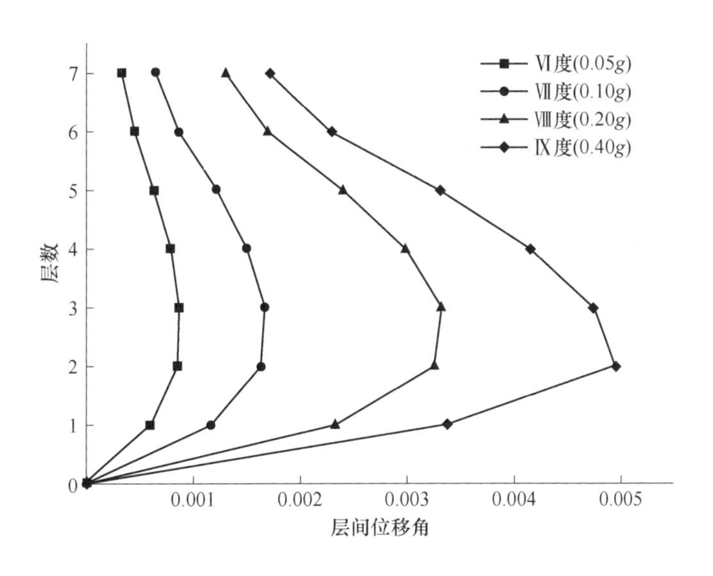

图 8-14 格物楼各级地震动强度作用下位移反应（x 向层间位移角）

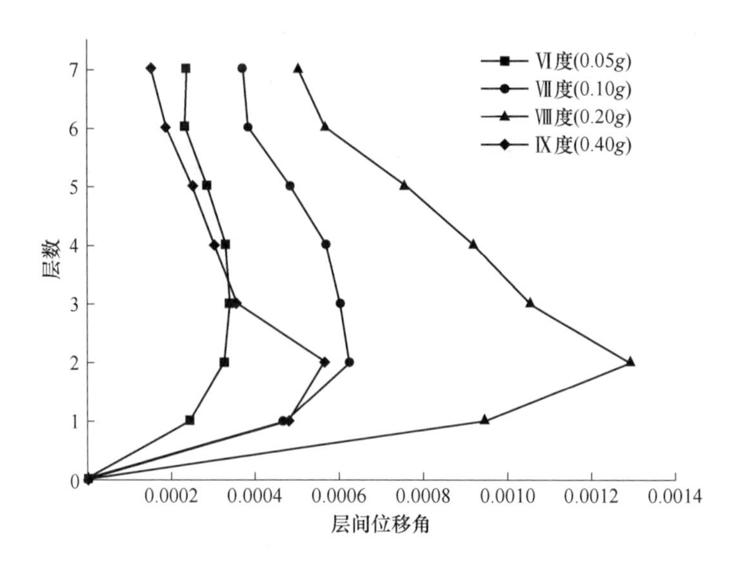

图 8-15　格物楼各级地震动强度作用下位移反应
（y 向层间位移角）

表 8-18　震害预测结果

地震烈度	Ⅵ度（0.05g）	Ⅶ度（0.10g）	Ⅷ度（0.20g）	Ⅸ度（0.40g）
破坏等级	基本完好	基本完好	轻微破坏	中等破坏

8.3.1.2　一栋 16 层高层结构单体震害预测

该结构为钢筋混凝土剪力墙结构，功能为住宅，设计使用年限为 50 年，建筑抗震设防类别为丙类。主体结构总长度为 23.6 m，总宽度为 17.35 m，结构层高为 2.9 m，共计 16 层，结构总高度 46.4 m。结构抗震设防烈度为Ⅵ度，设计基本地震加速度 0.05g，设计地震分组为第一组，建筑场地类型为Ⅱ类。结构基础类型为筏板基础。

结构第 1 ~ 2 层以及第 3 ~ 16 层剪力墙、连梁、框架梁等构件平面布置图和连梁编号分别见图 8-16 和图 8-17。

结构中使用的受力钢筋为 HRB400，箍筋为 HRB300。结构不同楼层所使用混凝土抗压强度等级变化情况见表 8-19。

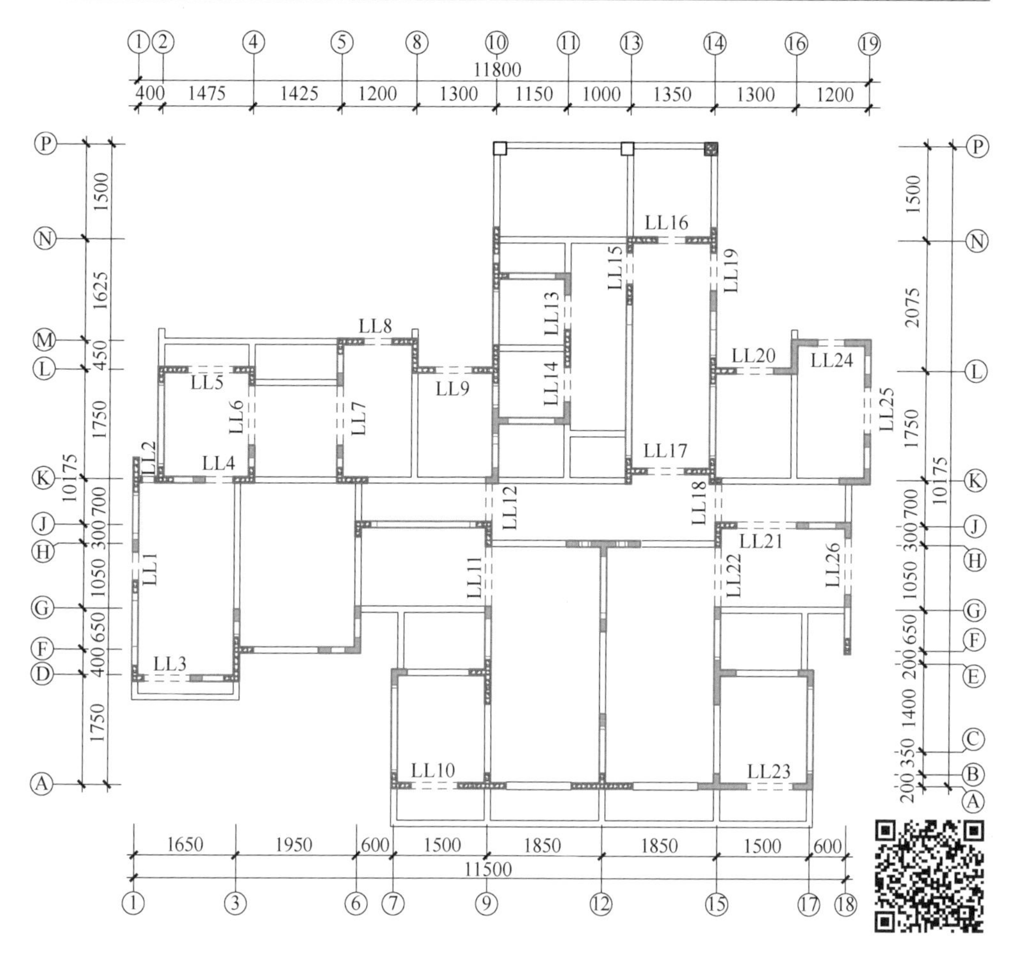

图 8-16 彩图

图 8-16　结构第 1 ~ 2 层剪力墙（绿）、连梁（粉红）、框架梁（浅蓝）、柱（深蓝）平面布置图（1：100）

表 8-19　主要结构构件混凝土强度等级变化表

部　位	立方体抗压强度等级	立方体抗压强度平均值 /MPa	弹性模量/GPa
标高 14.5 m 以下剪力墙、柱	C40	45	32.5
标高 14.5 ~ 23.2 m 区段剪力墙	C35	37	31.5
其余部位	C30	33.39	30
构造柱、过梁	C25	26.11	28

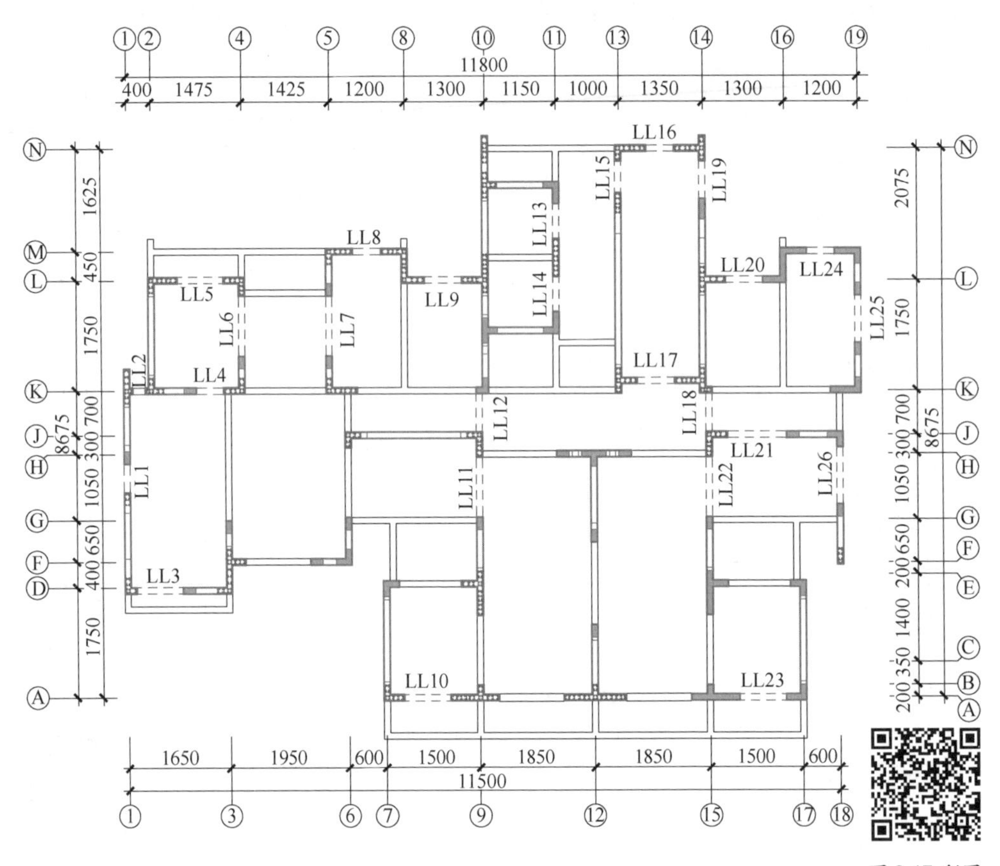

图 8-17 彩图

图 8-17　结构第 3 ~ 16 层剪力墙（绿）、连梁（粉红）、
框架梁（浅蓝）、柱（深蓝）平面布置图（1∶100）

在求取结构各层总侧移刚度、结构底层横截面抗倾覆弯矩、结构底层横截面等效抗弯刚度、结构层间剪力以及弹塑性时程分析过程中，将采用地震工程专业分析软件 SeismoStruct 2018。

根据图 8-16 和图 8-17，采用 SeismoStruct 2018 软件对原结构建立了如图 8-18 所示的有限元模型。

各级地震动强度作用下位移反应分析结果如图 8-19 和图 8-20 所示。震害预测结果列于表 8-20 中。

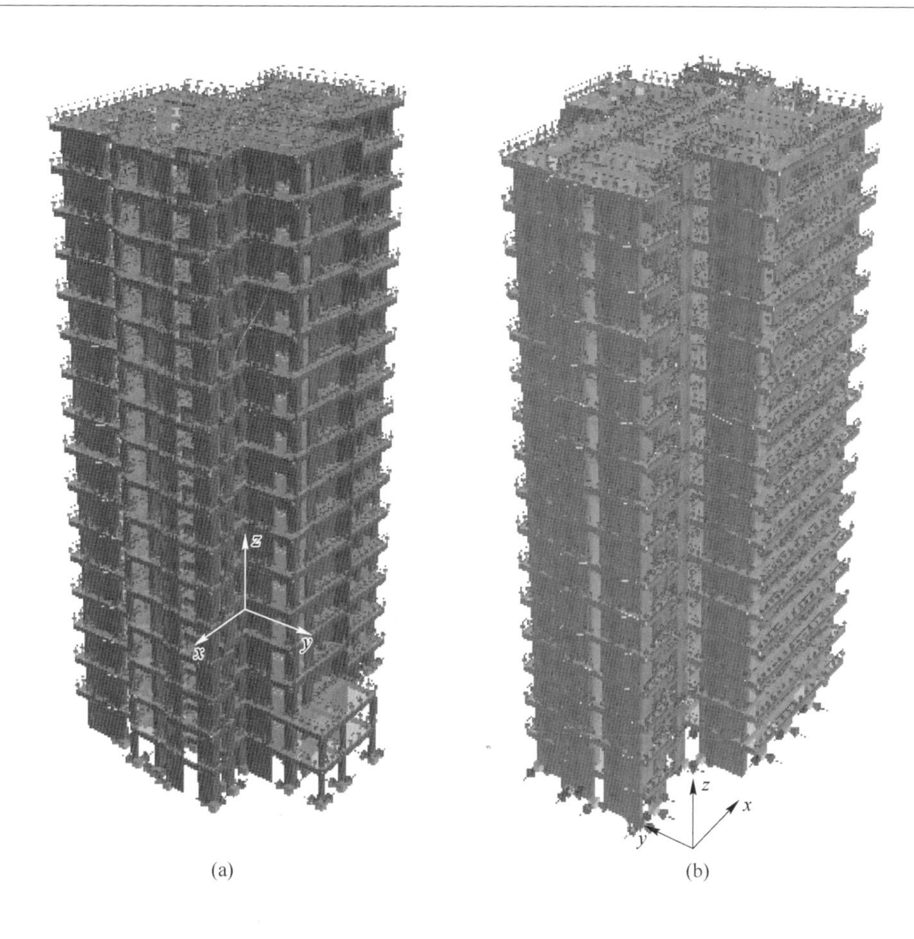

图 8-18　原结构有限元模型

（a）透视图 1；（b）透视图 2

表 8-20　震害预测结果

地震烈度	Ⅵ度（0.05g）	Ⅶ度（0.10g）	Ⅷ度（0.20g）	Ⅸ度（0.40g）
破坏等级	基本完好	基本完好	基本完好	轻微破坏

8.3.2　群体震害预测结果

为了反映永川区城区不同类型建筑物的抗震能力，结合群体结构震害预测方法分别给出了各类建筑物的震害矩阵，见表 8-21 和表 8-22，矩阵以建筑栋数百分比表示。

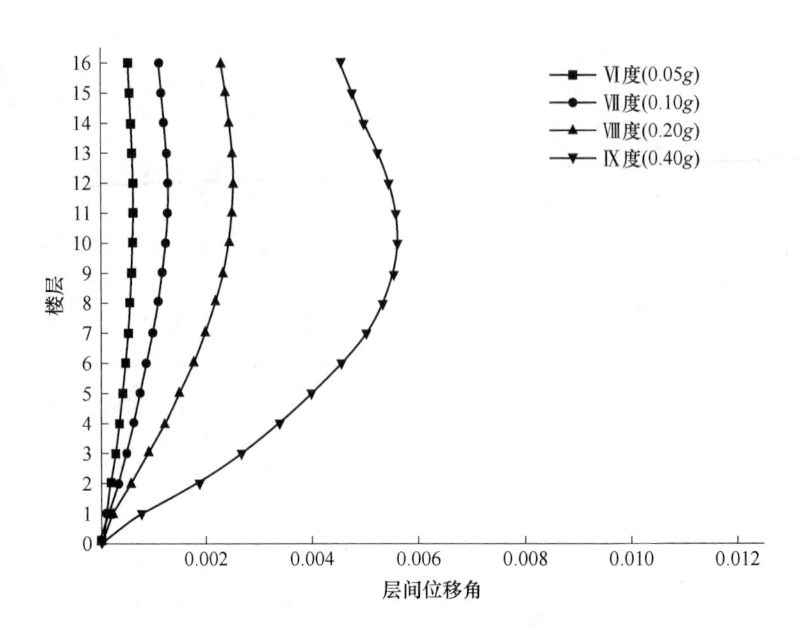

图 8-19　各级地震动强度作用下位移反应（x 向层间位移角）

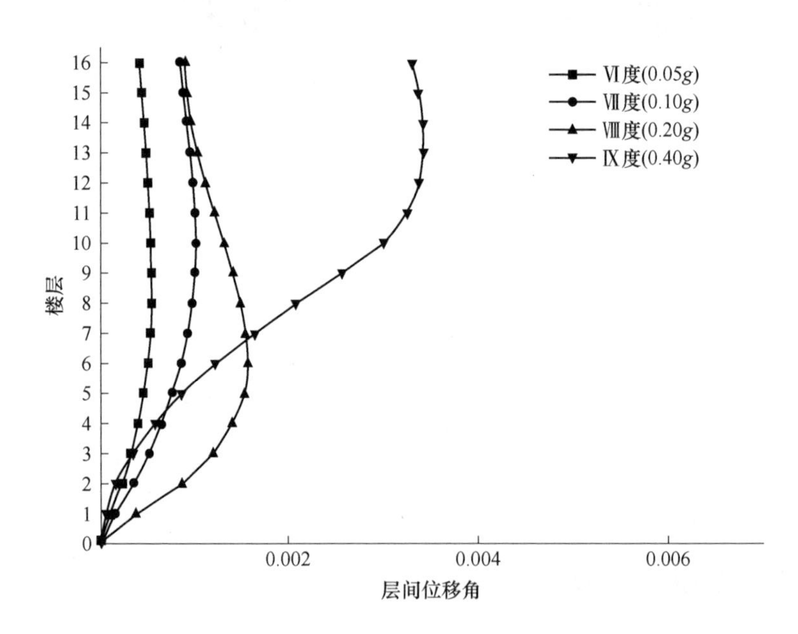

图 8-20　各级地震动强度作用下位移反应（y 向层间位移角）

表 8-21　多层钢筋混凝土房屋震害矩阵　　(%)

破坏等级	烈度（地震动参数）				
	Ⅵ度（0.05g）	Ⅶ度（0.15g）	Ⅷ度（0.20g）	Ⅸ度（0.40g）	Ⅹ度（0.80g）
基本完好	99.4	92.4	61.4	1.5	0
轻微破坏	0.6	6.9	30.9	55.6	1.7
中等破坏	0	0.7	6.9	34.6	42.2
严重破坏	0	0	0.8	7.8	48
毁坏	0	0	0	0.5	8.1

表 8-22　高层建筑震害矩阵　　(%)

破坏等级	烈度（地震动参数）				
	Ⅵ度（0.05g）	Ⅶ度（0.15g）	Ⅷ度（0.20g）	Ⅸ度（0.40g）	Ⅹ度（0.80g）
基本完好	100	96.5	63.3	18.9	0
轻微破坏	0	3.5	34.1	51.5	13.3
中等破坏	0	0	2.6	26.6	46.5
严重破坏	0	0	0	3	36.1
毁坏	0	0	0	0	4.1

8.4 小　　结

由建筑物的震害预测结果可以评定出重庆市永川区城区内各类建筑物在不同地震作用下的震害程度。由单体和群体震害预测结果（篇幅过大未列出）经汇总统计后可得到以下结论。

（1）在Ⅵ度地震作用下，各类建筑物大部分表现为基本完好，以建筑物的栋数百分比为例（以下均同），其中高层建筑的基本完好率为 99.3%，多层钢筋混凝土房屋为 99.1%。部分建筑物表现为轻微破坏，其破坏率分别为：多层钢筋混凝土房屋 0.9%，高层建筑 0.7%。各类建筑物均无更严重的破坏现象。破坏率分布如图 8-21 所示。

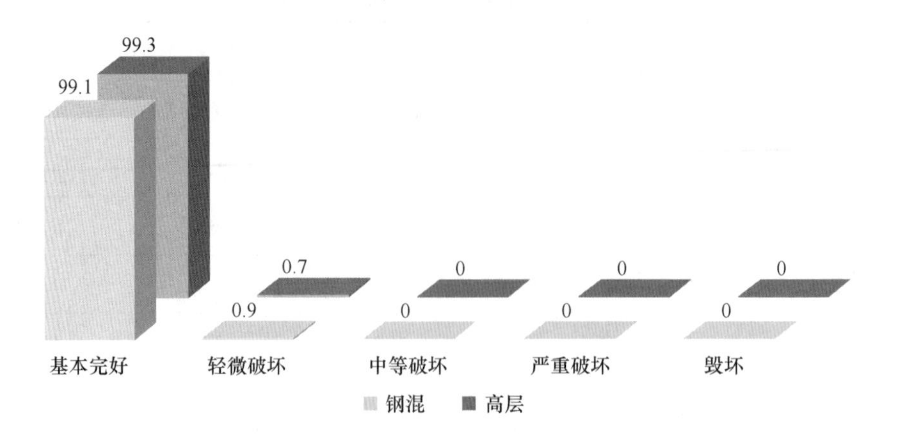

图 8-21　Ⅵ度下各类建筑预测结果对比（%）

（2）在Ⅶ度地震作用下，高层建筑和多层钢筋混凝土房屋主要表现为基本完好，比率分别为 74.5% 和 72.5%；部分房屋表现为轻微破坏，破坏率分别为 24.8% 和 26.6%；少数房屋发生中等破坏，破坏率分别为 0.7% 和 0.9%。两类建筑均无更严重的破坏。但发生轻微破坏的比例相比Ⅵ度时有明显的提高。破坏率分布如图 8-22 所示。

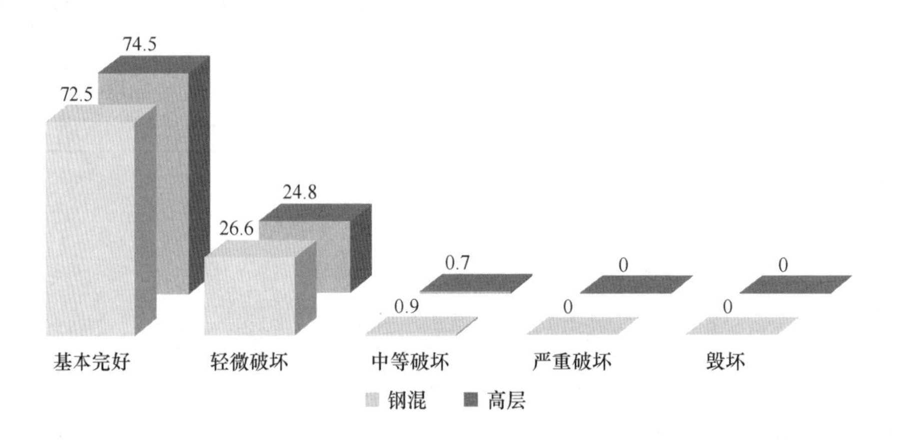

图 8-22　Ⅶ度下各类建筑预测结果对比（%）

（3）在Ⅷ度地震作用下，房屋结构基本完好率均为 0%。73.8% 左右的高层建筑表现为轻微破坏，71.6% 的钢筋混凝土结构表现为轻微破坏。部分房屋表现为中等破坏，破坏率分别为 25.4% 和 27.4%。较少数结构发生严重破坏，无结构发生毁坏。破坏较为严重的均是平面形状不规则、处于相对陡峭地势的建筑结构。破坏率分布如图 8-23 所示。

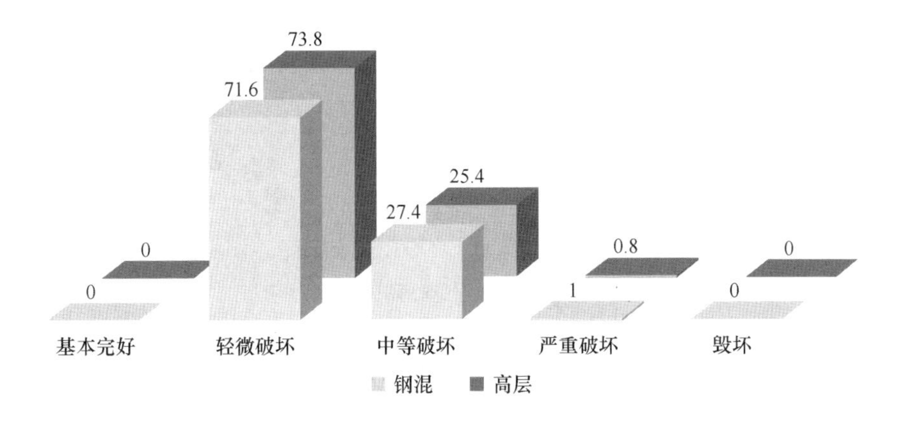

图 8-23 Ⅷ度下各类建筑预测结果对比（%）

（4）在Ⅸ度地震作用下，结构均表现为中等及以上等级的地震破坏。高层结构和多层钢筋混凝土结构的中等破坏率分别为 74.5% 和 80.4%，较Ⅷ度地震作用下的破坏率显著增大。少数结构发生毁坏，破坏严重的仍是平面形状不规则、处于相对陡峭地势的建筑结构。破坏率分布如图 8-24 所示。

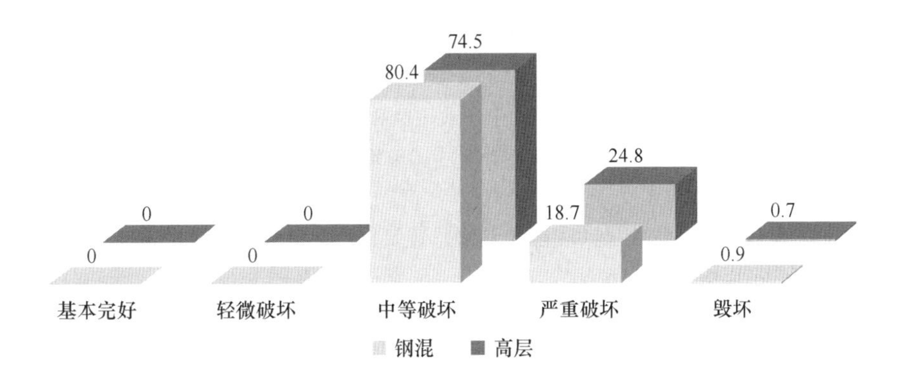

图 8-24 Ⅸ度下各类建筑预测结果对比（%）

（5）在Ⅹ度地震作用下，各结构破坏均较重。高层和钢混结构的毁坏概率分别是 2.7% 和 11.6%。大多数结构发生严重破坏。地表地震烈度达到Ⅹ度时基本所有的建筑结构均遭受到不可逆的破坏，整个城市几乎要重建。破坏率分布如图 8-25 所示。

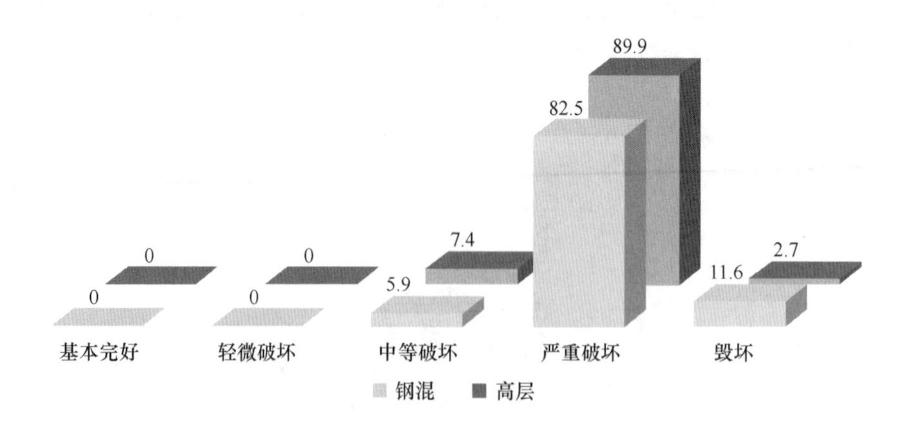

图 8-25　X度下各类建筑预测结果对比（%）

从以上分析可以看出，高层建筑和多层钢筋混凝土房屋的抗震性能较好。当按Ⅵ度进行抗震设防时，结构在Ⅵ度和Ⅶ度地震烈度下几乎不会破坏，在Ⅷ度及以上地震烈度时会发生破坏甚至是严重破坏。地震烈度相同时，破坏主要取决于结构类型、结构规则性以及结构所处的场地条件等。

参 考 文 献

[1] 刘恢先．唐山大地震震害（共四册）[M]．北京：地震出版社，1986.

[2] 工程力学研究所．海城地震震害 [M]．北京：地震出版社，1979.

[3] 胡聿贤．地震工程学 [M]．北京：地震出版社，1988.

[4] 中华人民共和国住房和城乡建设部，中华人民共和国国家质量监督检验检疫总局．建筑抗震设计规范（附条文说明）(2016 年版)：GB 50011—2010 [S]．北京：中国建筑工业出版社，2016.

[5] 国家技术监督局，中华人民共和国建设部．建筑抗震鉴定标准：GB 50023—95 [S]．北京：中国标准出版社，1996.

[6] 中华人民共和国国家质量监督检验检疫总局．地震灾害预测及其信息管理系统技术规范：GB/T 19428—2003 [S]．北京：中国标准出版社，2004.

[7] 尹之潜，李树桢，赵直，等．地震灾害预测与地震灾害等级 [J]．中国地震，1991 (1)：11-21.

[8] 吴育才．单层厂房震害预测方法的补充 [J]．工程抗震，1988 (1)：35，11.

[9] 孙景江，姚大庆，王威．利用等位移原则估计高层结构的非弹性地震反应（一）[J]．地震工程与工程振动，2004 (4)：41-45.

[10] 孙景江，王威，姚大庆．利用等位移原则估计高层结构的非弹性地震反应（二）[J]．地震工程与工程振动，2004 (5)：39-45.

[11] 孙景江，张令心，唐玉红．广州市20栋典型高层建筑震害预测［R］．中国地震局工程力学研究所，2000.

[12] 刘伟庆，徐敬海，邓民宪．震害影响因子的多级模糊综合评判研究［J］．地震工程与工程振动，2003（2）：123-127.

[13] 徐敬海，刘伟庆，邓民宪．建筑物震害预测模糊震害指数法［J］．地震工程与工程振动，2002（6）：84-88.